自 然 文 库

N a t u r e

S e r i e s

Flower Confidential

U0303440

鲜花帝国

鲜花育种、栽培与售卖的秘密

［美］艾米·斯图尔特 著

宋博 译

First published in the United States under the title:
FLOWER CONFIDENTIAL: The Good, the Bad, and the Beautiful
Copyright © 2007 and 2008 by Amy Stewart
Illustrations © 2007 by Emma Skurnick
Published by arrangement with Algonquin Books of Chapel Hill,
a division of Workman Publishing Company, Inc., New York.
Chinese language copyright 2014, The Commercial Press Ltd.

目 录

前言

“人们拿到花时首先会怎么做？”旧金山花市（Flower Mart）总经理鲍伯·大冢（Bob Otsuka）问我。接下来他比画了个人们常做的动作：将双手捧到脸前，深深吸了口气。

“人们会去闻这些花。”鲍伯说。

我用力嗅了嗅，试图闻到玫瑰或百合的芳香，但什么味道都没有。花卉仓库外的市场街（Market Street）沿途有60余家摊贩出售切花和绿植。清晨5点多钟，我和鲍伯沿街走来，却闻不到一丝花香。

“花卉育种早已产业化了，”鲍伯说，“主要根据花色、大小，特别是持久性进行选育，这样做有其副作用，其中之一就是使鲜花丧失了原有的香味。”

我们继续沿着厅廊走过一辆辆满载成桶绣球花和向日葵的推车，鲍伯接着说：“但是你知道吗？人们仍然认为鲜花好闻。我曾见有人把脸埋入一束‘雄狮’玫瑰，陶醉地说，‘真香啊。’但我了解这种玫瑰，它们长着橙黄色带铁红色边儿的花瓣，你知道我说的那种玫瑰吧？它们是专门为秋季婚礼培育的，根本没什么香味。”

他笑着摇摇头，我跟着他一直走到厅廊的尽头，鲍伯认为在那里可以找到一些仍有香味的百合。

关于花市，你最先注意到的是这里好像跟城市环境格格不入。在旧金山这座阳光明媚、生机勃勃的大城市，人们会落落大方地在头上或其他地方插戴鲜花，但即便如此，花市仍显得与尘土喧嚣的都市生活很不协调。不像渔业那样可以在渔人码头（Fisherman’s Wharf）主题公园内开展各类活动，花卉贸易则远离公众视线，悄然隐匿在高速公路旁的仓库区。所谓花市就是个四四方方的大仓库，周围挤满了来来往往准备装卸货的货车。

天不亮就得赶来，也别指望不久后能喝上咖啡，这让花市越发显得是个苦地方。当你好不容易穿过货车间的缝隙驶进停车场，就像我曾干过的那样，坐在车里再多享受一会儿暖气的温暖，实在不明白自己到底着了什么魔，非要起个大早，驱车摸黑赶到这城郊来。

当穿过停车场，走下台阶，推开沉重的铁门，霎时间灯光耀眼，里面呈现出一个奇妙世界，就像圣诞老人的玩具店。此时你睡眠不足而又缺少咖啡因提神的大脑会意识到，这里就是花市的源头了。

来往的推车上堆满了金鱼草，花桶中插着无数康乃馨，捆扎成束的玫瑰还保持着离开农场时的样子，每个花苞上都套着包装纸。这里有栀子花饰品、人工染色的菊花、泰国兰花、荷兰郁金香、哥伦比亚百合、夏威夷姜花，还有丝制的木兰、飞燕草干花，以及各种花环、盆栽、花瓶、花篮、缎带和绿植。真是应有尽有，琳琅满目。市场里熙熙攘攘挤满了买主和卖家，虽然才凌晨5点，但他们已经忙碌两个钟头了。

当得知市场只做批发贸易时，我说服了鲍伯在黎明前带我到花市四处转转。多年来我一直很好奇花市是怎样运作的，同时也希望能一睹美丽鲜花的芳容。10点以后随着逛花市的人越来越多，那些最好看的花会被抢购一空。很多商贩甚至不会等到10点，在大部分旧金山市民尚未起床时，他们就已收拾好东西出城了。

此外，我去花市还有一个近乎病态的理由：因为我对鲜花总有一种狂热的渴望，逛花市让我有更多机会接近它们。无论市场上卖什么花，我都很喜爱。不管是野生的罂粟还是温室的玫瑰，或是便利店里的康乃馨，我什么都想要。穿行在花市里，却由于没有交易证而无法批发采购鲜花，这让我感到沮丧透顶。哪天要是他们同意的话，我会很乐意把口袋里的钱都用来买花。

鲍伯是个好向导，他会跟种植商谈笑，挥手间消除各种关于花市交易的负面传闻。据说有人在金门公园（Golden Gate Park）的树丛里偷摘绣球花，然后通过花卉黑市卖给批发商？也许吧。但随后公园志愿者就学聪明了，他们在每株花的下面都做上记号，阻止了类似事件发生。如果有商家压低玫瑰价格而迫使其他人跟着纷纷降价，是否会在市场里引发争执？——不会有什么争执，我们会让商家停业。

我跟着鲍伯边走边思考，他们做的一切都是为了花。飞机从波哥大飞来，货车从迈阿密驶来，成片的温室建起来，数十亿美元的交易在进行。所有这些都是为了人们在杂货店里精挑细选的六出花，为了去医院探望姐妹时带的飞燕草，为了逝者墓前献上的紫罗兰，为了别在胸前的那朵康乃馨……

鲜花上市销售本身就存在矛盾之处，但我说不清究竟哪里不对，希望能够通过这次实地探察来帮我解惑。最终我发现了问题的症结所在：鲜花与我们购买的其他商品不一样，它们遵循不同的交易法则。首先，鲜花基本是免费的，你可以在路边随手采摘，也可以把它们种在花园里，都不费什么钱。鲜花像水果一样容易腐烂，而且更不实用，毕竟花又不能吃。买来的玫瑰插在瓶里，不出一周就会凋谢，你用金钱换来的就是这种结果。尽管如此，全球切花市场却拥有高达400亿美元的交易额。种植商们投入大量资金希望培育出更好的花——能够在花瓶中活得更久，花瓣不易凋零，花粉不会散落，还能满足秋天的新娘或是超市购物者的特别需求。

我们与切花之间的联系纽带——花卉贸易，有着古老的起源。请看下面这封信：

> 这里的玫瑰还未盛开，事实上这里几乎没什么玫瑰。我们找遍了所有苗圃和花坊，也只能勉强收集到千余朵玫瑰送给您……其中一些甚至还不到采摘时间。不过这儿有很多您要的那种水仙，所以尽管您只要了两千枝水仙，我们决定给您送去四千枝。

这封看似普通的商务信函就像一周前刚写的，但事实上它是用罗马统治时期的古埃及文字写在莎草纸上的，历史可追溯至公元前。想象一下，早在远古时期鲜花就已在田间广泛种植，并可成批定购，然后大量运输，以便赶上装点宴会或节日。当今大部分玫瑰种植商同样会遭遇花期未到就要采收的问题。而和当代玫瑰种植商一样，这位不知名的古代商人大概也担心不到季节就摘下的玫瑰无法在花瓶中盛开，从而招致客户不满。

罗马人创建了非常成熟的花卉贸易，包括任何商业企业都会有的各种税收、财会及物流事宜。他们懂得利用蒸汽或热水让花期提前，并曾尝试用薄云母片建造温室，还使用推车运送花卉植物。而这些人工养植花卉的方法刚刚兴起，批评指责也随之而来。批评者们认为，花卉贸易采用技术手段造就反季鲜花有违自然规律。看到在圣诞节出售的向日葵让我感到很别扭，因为此时早已不是葵花盛开的夏季。不止我一人有此想法。公元1世纪，罗马剧作家、哲学家路西斯·安内斯·塞内加（Lucius Annaeus Seneca）就曾写道："人们刻意追求冬日的玫瑰，或是想用热水器人为改变温度来养植百合之类的春花，这岂非违反自然规律？"

切花贸易身处纯正天然与大规模生产和商业化的夹缝中。我们希望在2月买到夏日的玫瑰，事实上还专为这花创立了一个节日，但同时我们又不想花被造假。1853年，维多利亚时代的作家查尔斯·曼比·史密斯（Charles Manby Smith）就曾发出现代花商也常听到的抱怨。他从伦敦街头花贩手里买的鲜花没两天就枯萎了，可能是"催化剂过量"造成的。这就是切花产业存在的问题：鲜花易凋，买主易变。尽管伦敦对鲜花的需求不断增长，但史密斯告诫说："鲜花贸易是最不确定、风险最大的投机买卖之一，连伦敦的街头小贩都在参与其事。"

当科学家造出不会传粉的百合，或者种植者让郁金香在12月依然盛开，我们是否受到了欺骗？一束带着露珠、看似新鲜的玫瑰在进入超市前已经绕行半个地球，并在失水的情况下存活了好几天是否真的没关系？如果在线服务商设计的由红玫瑰和粉菊花组成的情人节花束，与同一天在全国递送的无数花束都千篇一律，是否会让其承载的意义大打折扣？

无论对错，毫无疑问20世纪的鲜花产业已经彻底改头换面了。全新的育种技术，先进的温室设备，还有层出不穷的全球运输系统。多亏了它们的发展，市场上才能一年到头都能看到奇花异草，并且价钱格外便宜。但同时，现代鲜花也失去了不少东西。花儿们变得更顺服、更好养、不易变，季节性也不那么强了。很多花都丧失了原有的香味，我甚至怀疑它们也丢掉了自己的特性、活力与激情。我们想让花儿变得更完美，但同样又希望它们能够独一无二、与众不同。我们想用鲜花来表露情感，表达自己的独特体验。但这种向往越来越难实现了。

那天的旧金山花市晨游促使我大清早就赶往洛杉矶花卉街区，接着我环游世界，探寻各种完美鲜花的发源地。我在曼哈顿的花店间流连，在迈阿密登上运输机。仅仅一个早上，我就看到上百万枝鲜花通过荷兰式拍卖被售出。情人节，我坐在一家花店的后堂，听着一个个满怀炽热情感与刻骨相思的丈夫和恋人们前来买花。

如今的鲜花可能比买花人的旅行经验还要丰富。假设你住在拉斯维加斯，你是否去过波哥大、迈阿密或旧金山？那些鲜花就曾去过。或者你住在缅因州，而你女儿婚礼上的鲜花或许已经到肯尼亚、荷兰或曼哈顿周游一圈了。这些花搭乘的飞机可能比你坐过的还要大。还有种植工人、管理员、推销员、经纪人、货车司机、拍卖商、批发商、买家、会计和零售商等人已用不同语言对你的花评头论足，而你可能只会用一种语言对它说“你好”。

事实还远不止这些。如今的花卉都是实验室制造、试管育种、工厂种植、机器收割，接着被打包装箱、拍卖出售，然后漂洋过海飞往世界各地。所有这些不仅没有消除我对鲜花的热爱，反而更激发了我的爱花之情。想象一下，一座60英亩[1]的大温室，上千万枝鲜花堆在拍卖场地上，人们挥手间就能买下比我们大多数人一生所购买的都要多的玫瑰。每年的花卉贸易额高达400亿美元，真是令人兴奋。

我很快意识到这种全球花卉流通的不良后果。例如，一百年前在美国出售的切花基本是土生土长的，但现在约四分之三的鲜花都是进口的，大多来自拉丁美洲。鲜花本身也被迫随之变化，它们被培育得更加适合运输，其娇嫩、高雅、芬芳的迷人特质反而被忽略。花儿们失去了原有的香味，却换来了更长久的瓶中生活；失去了独特个性，却换来了能忍受从厄瓜多尔或荷兰的长途跋涉、寒冬腊月依然能在人们桌上盛开的耐力。

这种全球性变化对人们也产生了影响，例如加州的种植商开始离开家族农场，转而投身花卉进口业务；小城镇的花店不再着力于花饰设计，而是更多出售廉价的现成花束。每年临近情人节时，一些报纸就会刊出我称之为“浴血玫瑰”的文章，警告人们，在每一朵拉美或非洲玫瑰背后，都隐藏着受剥削的工人和被污染的河流。这种说法有一定真实性。在厄瓜多尔，我曾亲眼目睹妇女们将长茎玫瑰头朝下浸入大桶杀菌剂中，这景象让我好几个月都不想再碰玫瑰。

1 —— 1英亩=40.4686公亩=4046.86平方米。

或许将花称为商品或者人工制品实在有失浪漫，但它们眨眼间就变作如此模样。鲜花生命短暂、弱质纤纤又不实用，但美国人一年要购买大约40亿枝花，比我们买的巨无霸汉堡还要多。鲜花贸易规模庞大，是个华丽、迷人又复杂的行业。

我们无法尽述全球市场上每朵鲜花背后的故事，但却有不少事例在某种程度上反映出人们对完美的不懈追求，例如约翰·梅森（John Mason）与他的蓝玫瑰；莱斯利·伍德利夫（Leslie Woodriff）和他的"星象家"百合（Star Gazer）；拥有美国最大切花农场的莱恩·德弗里斯（Lane DeVries）；富有社会意识的厄瓜多尔玫瑰种植商罗伯托·内瓦多（Roberto Nevado）等。我意识到这些人都在追求同一个目标：生产出让人爱不释手的理想之花。

我既不是养花匠也不是种植商，只是个园艺家和热情的买花人。我接触花卉产业的时间越多，就越反思人们对它们的期望是否过高。我们凭什么要将花视作完美、纯洁和爱情的化身，为了迎合市场，总试图让它们变得更好，对它们进行粉饰？

在莎士比亚剧作《约翰王》第四幕中，索尔兹伯里伯爵（Earl of Salisbury）劝说国王不要再次加冕，他称之为"浪费而可笑的多事之举"：

> 给纯金镀上金箔，替纯洁的百合涂抹粉彩，在紫罗兰的花瓣上浇洒香水。

在过去的两百年里，我们对以上说法进行了简化，仅用一句"给百合镀金”来形容不必要的修饰。给鲜花镀金或喷香水似乎多此一举，但这正是整个花卉行业在做的事。此外，人们还致力于让花期更长久，花色更娇艳，花香更浓郁，尽一切努力实现我们心中想要的。

欲望会把我们引向何处？我们是否真的在“给百合镀金”——多此一举？

第一章　育种

第一节　飞鸟、蜜蜂与驼毛刷

在众多百合种植者中，莱斯利·伍德利夫堪称园艺界传奇。但在我的家乡，人们记忆中的伍德利夫是个住在高速公路边破旧花棚里的古怪老头。伍德利夫于1997年去世，我只见过他的照片，但我觉得用“古怪”来形容他确实很贴切。伍德利夫长着一头粗硬的白发，蓬乱地翘着，一张线条硬朗的大方脸，露着参差不齐的牙齿。他所有的照片都是在自家百合花丛中笑容满面。

1988年，一位名为皮埃特·库普曼（Piet Koopman）的荷兰种植商前来拜访伍德利夫，并结识了这个培育出著名“星象家”百合的人。他原以为能见到一位举止优雅、派头十足的种植专家，住在乡间小屋里，拥有亮堂堂的温室花房，里面种满奇花异草。可事实让他大跌眼镜。伍德利夫一贫如洗，体弱多病，房子也摇摇欲坠。他从不因明亮整洁的温室而闻名。库普曼惊讶地看到那些世界顶级的百合被随意堆放在霉味扑鼻、蚊叮虫咬的地方。伍德利夫看上去漫不经心，愿意跟库普曼谈起的唯一感兴趣的话题就是百合育种。他对百合过目不忘，对所有品种都了如指掌。在培育百合之前，他似乎会先在脑海中描绘出花的样子，凭直觉抓住那些能够结合在一起的特性，最终塑造出心目中的百合。而库普曼被所见所闻吸引了大部分注意力，几乎不能专心交谈。

“真不敢相信这个为百合产业做出巨大贡献的人生活竟然如此窘迫。”库普曼对我说，“他的处境让我深感震惊。本来我随身带着一部摄像机，但我实在感到无地自容，根本无法进行拍摄。荷兰种植商凭借‘星象家’赚取了巨额利润，而我无法相信他竟如此贫寒。”库普曼没有停留太久，他回到荷兰，心中充满惊讶与困惑，不知道将著名百合种植家伍德利夫的窘境公之于众，对他是帮助还是羞辱。

对完美花卉的追求就源于像伍德利夫这样的育种人的温室或植物实验室，他们都致力于培育出人见人爱的花卉品种。这样的花卉不是凭空长出来的，需要育种人倾注心血，将普通的园中小花培育成当季最受热捧的时尚名花。伍德利夫的“星象家”就是近一个世纪以来出现的众多名花中的一种。这种百合经历了花卉育种史上的所有阶段——从最初冒着风险开始培育，到后来备受好评和追捧，然后又从身价不菲变得

『星象家』百合

『星象家』百合如今是切花百合中的宠儿，它的父母便产自中国和日本的山谷。东方百合以它所具有的东方内敛的气质，在山巅觅其香而难得其形，而目睹其芳容之后却慨叹高不可攀的美感，如今却轻易地将它摆在自己的花瓶里，这也许就是切花最初的魅力。

价格低廉。这是因为“星象家”从出现到成名时，花卉培育正处于由传统育种人向现代种植商，由街头小花店向跨国花卉公司的转折点。

莱斯利·伍德利夫对百合做的事与蜜蜂或蝴蝶别无二致：他把花粉从一朵花的雄蕊刷到另一朵花的柱头上。没有显微镜，没有基因剪接，甚至没有无菌的环境。伍德利夫及其他育种者对植物性行为的干扰只有一个原因：对花的热爱。他不知疲倦地创造新的百合品种，因为他挚爱鲜花，并敢于挑战极限，试图将其他人认为不相容的品种进行杂交。他希望靠育种和售卖百合谋生，但他绝非商人。除了培育鲜花，伍德利夫什么也做不来，在某种程度上，能否因此得到报酬对他而言并不重要。

如今，切花产业中大多数育种者都是在实验室工作的遗传学家，他们对鲜花或许小有兴趣，或许毫无兴趣。一位在经营酒和切花业务的日本三得利公司就职的科学家告诉我：“我上一个任务是培育啤酒酵母，现在是培育玫瑰。在显微镜下，这对我来说都一样。”我只能猜想伍德利夫对此会做何反应。玫瑰不是菌类，百合不是萝卜。无论在显微镜下还是其他地方，两种生物根本不会一样。

百合很容易繁殖，因为它们的构成非常简单。从一朵百合身上便可学到几乎所有花的结构知识。它的解剖结构完全显露，没必要像研究玫瑰那样，在层层包裹的花瓣中间搜寻雄蕊或柱头。百合与郁金香和贝母同属一个分类家族，从肥厚的肉质鳞茎上生出通常无叶的单茎。鳞茎球从基部围绕短茎生出鳞片，抱合成球形，可以把这些鳞片掰下来，培育出新植株。（育种者将这种繁殖方法称为“鳞片扦插法”。）

每株百合可开花一朵、六朵或数十朵，通过花梗与主茎相连。所有百合都有六个花瓣，准确地说，最外层的三个花瓣应称为萼片，覆盖于内层花瓣上，并向外弯折，显露出花的内部构造。（其他很多花的萼片与花瓣并非如此相似。例如玫瑰花底部的绿色小萼片。）有些百合每株有几朵花，顺次交互生长在花茎上，这种被称为总状花序。另外一些百合是几朵花同时生长于枝顶，这种被称为簇生伞形花序。（野胡萝卜花（Queen Anne's lace）是一种典型的伞形花科植物，其微小的白色花朵全部簇生于花茎顶端，通过细梗与之相连。）有些百合的花瓣极力向外翻卷，几乎碰到花背——这种被称为卷丹百合。还有一些百合的花瓣则开成平展的碟形。另外一些品种的百合，包括最常见的复活节百合（Easter lily），花形则似喇叭或漏斗。

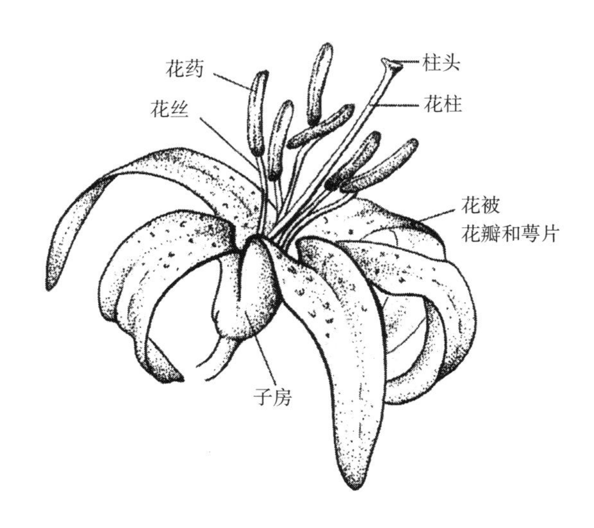

无论花的外形如何，它们的内部结构都非常相似。所有百合都生有六枚雄蕊，围绕中心花柱成六角形排列。每枚雄蕊都有细长的花丝，顶端生着黄色或浅红的花药，负责产生花粉。花的中心长着一根结构独特的雌蕊，这是花的雌性繁殖器官，由柱头、花柱和子房组成。柱头是雌蕊顶端分泌有香甜黏液的部分，可以引诱蝴蝶和飞蛾，让它们将狭长的舌头伸到花里吸食花蜜。在此过程中，这些昆虫常会蹭到花药，将花粉沾在身上，当它们到另外一株百合上觅食时就会起到传播花粉的作用。如果花粉的形状和大小合适，就会沿着花柱到达子房，在那里有300到500个卵子等待受精。柱头会接受许多不同种类的百合的花粉，这样，一个种皮里可以产生来自不同父本的后代。但是，如果由于某种原因花粉与卵子并不相配，花就不会受精。剖开百合的种皮，将里面的种子倒在测光台上，受精的种子会很容易辨别，因为在种子的中心部位可以看到黑色、弯曲的胚状体。

进行杂交时，百合育种者考虑的不只是颜色和气味。每个亲本植物都有自己的特性，包括鳞茎的形状，叶子的数量和大小，花粉的颜色，花芯附近是否有斑点，花朵的大小和形状，对严寒、潮湿和干旱的耐受性，抗病性，以及其他各种特性。为了得到最好的结果，育种者经常尝试进行“正反交”，即如果第一植株的花粉使第二植株受精，则第二植株的花粉也应该能使第一植株受精。有时正反交能产生耐受性更强、更多产的后代，但这并非百合育种者可使用的唯一手段。自1935年以来，从秋水仙中提取出的秋水仙碱即被广泛用于处理种子或幼苗，使它们的染色体数目由24条倍增至48条。这些被称为四倍体的超级百合，通常更加强壮和耐寒。虽然这种遗传学工艺听起来技术性很强，但事实上业余育种者已经培育出很多四倍体百合。他们将秋水仙的鳞茎搅碎后，制成简易的秋水仙碱溶液，然后在温室中使用。

大约有上百种百合和无数在此基础上培育出的杂交品种。这些品种大致可分为八类，其中在切花行业中最常见的是喇叭百合、亚洲百合杂交系以及东方百合杂交系。东方百合是这些种属中花朵最大、颜色最艳、香味最浓的品种，但由于花朵下垂，在采收和包装时容易从茎上脱落，因此很少用作切花。此外，低垂的东方百合也不适合扎成花束，它看起来与那些花朵朝上生长的玫瑰、雏菊和康乃馨很不相称。亚洲百合因绚丽夺目的色彩而广受欢迎，但其花朵较小，也没有香味。自20世纪40年代起，一些花朵朝上绽放的亚洲百合品种就已上市，其中包括著名的“魅色”百合（Enchantment）。育种者认为，如果有人能将亚洲百合花朵朝上开放的习性与东方百合硕大艳丽、香味浓郁的特性相结合，将会给百合切花贸易带来一场变革。没人知晓如何实现这一目标，直到莱斯利·伍德利夫将不同品种百合的特质和习性进行组合，才成功杂交出了理想的品种。

伍德利夫是最后一代讲求实干的传统花卉育种者之一。千百年来，人们一直钟爱切花。在过去的几个世纪，像伍德利夫这样的人实现了为商业目的培育花卉，使鲜花能按照育种者的意愿生长。17世纪中叶，一位名为尼希米·格鲁（Nehemiah Grew）的英国医师首次提出，尽管一些“植物的外在美”（即花朵本身）可以取悦于人，但“其与外在同样精致多样的内在美”，必定有利于植物本身，而不是造福其爱慕者。他认为，上帝创造了花瓣与芳香以取悦人类。但同时他也是最先发现鲜花内部有利于繁殖结构的研究者之一。

直到17世纪后期，植物学家才开始推测，花粉可能相当于精子，但这一说法也引来了反对者，包括18世纪初一位叫作约翰·西格斯贝克（Johann Siegesbeck）的科学家，他认为："对花谈性不仅在科学上难以令人信服，对道德也是一种颠覆。"但园艺师们并未就此打消念头。18世纪60年代早期，德国植物学家约瑟夫·凯尔罗特（Joseph Koelreuter），通过将两个品种的烟草杂交，创造出了可能是第一个杂交品种。

18世纪到19世纪之间，植物学家逐渐开始了解昆虫在花卉传粉中的作用。查尔斯·达尔文（Charles Darwin）对于兰花的研究，最终说明了植物可以主动使自己适应异花传粉。这是一个重大发现，为后来的很多植物遗传学理论打下了基础。看看金鱼草的形状，其筒状唇形花非常利于蜜蜂钻进花筒传粉，还有六出花可以直达花蕊的构造，以及木槿花底部对比鲜明的花芯颜色。如今我们知道，一些鲜花已经进化成在成功授粉后，通常会转变成授粉者看不见的颜色。（例如蜜蜂看不见红色，因此剑叶兰之类的花卉在授粉后，会从黄色变为红色，以引导蜜蜂离开。）对于那些希望花在收获时能保持稳定颜色的种植者而言，这种特性可能好也可能不好。

我们拿着的花束其实是植物的生殖器官，但却希望它们不再起到原来的作用，这意味着什么？我们要求鲜花在采收后能历久不衰，希望它们能够不掉花粉或根本不产生花粉，期盼它们的香味可以更讨人喜欢，而不是为了吸引蜜蜂或蜂鸟。切花育种的最大讽刺在于，我们正竭尽所能利用一切科学和技术手段让花变得不像花。但任何人都无法改变的事实是，鲜花存在的目的只有一个：繁殖或死亡。莱斯利·伍德利夫明白这一点，并且见证了其中的神奇。

伍德利夫曾凭借与特德·基尔希（Ted Kirsch）签订的一份商业合同来到洪堡县，在此之前，他已经种了几十年百合。基尔希就是现在的太阳谷花卉农场（Sun Valley Floral Farms）最早的创始人。在基尔希去世几年后，我见到了他的女儿劳拉·唐恩（Laura Dun）。她与丈夫大卫以及母亲艾洛伊丝，向我讲述了基尔希和伍德利夫多年来的点点滴滴。（基尔希死于1996年，略早于伍德利夫。）大卫还记得在70年代初与未来岳父驱车前往俄勒冈州的布鲁金斯。"我想他是看中了我的能力，把我当作未来的家庭律师。"那时大卫刚开始在法学院就读。"特德认为可以与莱斯利达成协议，购买他的百合，并为他在农场上找份工作。"

1942年左右，特德·基尔希开始在位于俄勒冈州的自家后院种植水仙鳞茎球。他是名高中农艺老师，种植鳞茎球不但给他带来了一些额外收入，也让学生们有事可做。很快，他获得了一笔资金赞助，并开始扩大经营，将花卉农场发展成为一个家族企业。最后，基尔希在加州的阿克塔置地，创建了"太阳谷"。在他和大卫沿着海岸线驱车北上时，已经开始在阿克塔全力经营农场了。

基尔希几年前就听说过伍德利夫。百合行业里所有人都知道他是个疯狂的百合育种家，会去培育大家认为不可行的野生杂交种。大卫告诉我，"问题是这家伙完全没有商业头脑。他从来没靠百合挣到一分钱。他与妻子露丝和女儿维琪住在一个破败的农场里。"基尔希听说他因拖欠小型企业管理局（SBA）的一笔贷款，即将失去自己的农场。

“于是我们来到伍德利夫的农场，却立刻发现这没什么用。他那里破败不堪，到处都一塌糊涂，看起来一团糟。但特德说，‘百合很棒。如果有人能利用他们的创造力，并好好经营业务，应该能够成事。’”

大卫试图说服他放弃这笔交易，却无法让他改变想法。基尔希和伍德利夫签订了协议，很快伍德利夫就动身前往阿克塔。对于伍德利夫的杂交百合“星象家”如何来到太阳谷的问题则存在不同说法，每个人都向我讲述了不同版本的故事，而每个故事都比上一个更像传奇或童话。但在大卫和劳拉的记忆里，当伍德利夫来到阿克塔时，就随行带来了他培育的杂交百合。基尔希在一块田里种满了这种百合，它们基本上没有标签，所以基尔希确实不清楚自己买的是什么花，也不知道这些花盛开时的样子。但有一天，当基尔希来到田间，发现在花朵低垂的百合丛中，有一株红色东方百合的花朵却面朝天空绽放。于是，他把这株花叫作“星象家”，它同时也彻底改变了百合贸易。

在莱斯利·伍德利夫的儿子乔治和女儿贝蒂的印象中，父亲是个说话直率、吃苦耐劳、一心扑在百合上的人。他们告诉我，伍德利夫是个超越了时代的园艺天才。我清楚，如果他们知道有人把他们的父亲或他的温室形容为“一团糟”，必定会感到很震惊。这怨不得他们，从伍德利夫的照片上，我看到一个强硬而开朗的人，靠自己的双手谋生。他似乎并没做过什么特别混乱或疯狂的事。他在百合育种界的许多同行认为，伍德利夫之所以能够创造出如此杰出的杂交品种，主要是因为他无所畏惧，而不是疯狂，就是因为他不像大多数百合育种者那样被各种规则所束缚。他会将任何品种进行杂交，哪怕是两个看似不相配的百合品种。他没什么条理，不会持之以恒，并非一丝不苟，也不怎么讲究卫生。一位20世纪80年代初为他工作的种植者说："莱斯利的百合之所以有那么强的耐受力和抗病性，有部分原因是它们必须在他的温室中生存。我从没见过那么脏乱的地方。到处是病菌、虫子，一排排种苗相互摞着挤在凳子底下，照不到光也没有水。在如此恶劣的环境中，当然只有强者才能存活下来。"

他的百合也许够强壮，但莱斯利·伍德利夫是个追求美感和诗意的人。乔治告诉我，他脑中总盘旋着完美的百合形象。黑色百合和蓝色百合是他梦寐以求的。他期望找到一种打破所有规则，突破一切种属限制的百合。一个农业检查员曾告诉伍德利夫，他不应费心种植颜色鲜艳的百合，因为当人们提到百合时，首先想到的总是白色的复活节百合，它象征着纯洁。而伍德利夫告诉这位检查员，他的百合是为不怎么纯洁的人准备的。

他致电广播脱口秀，打断关于越南或水门事件的争论，大谈百合育种。他甚至在1979年把一个新品种的照片寄给了总统吉米·卡特（Jimmy Carter），并随信介绍了球根花卉的渊源，仿佛卡特在陷入伊朗人质危机44天后，还有时间跟进百合育种的新发展。"这是我们从近百万个籽苗中选出的最好的盆栽型。"他告诉总统，"将乙女百合——一种生长在日本、五月初开花的粉色喇叭状小型山百合，与九月开花的紫红花滇百合和八月初开花的巨大碗状天香百合相结合，培育出一种体态适中，颜色比紫红花滇百合更亮，花朵和天香百合一样大，同时又像乙女百合那样娇小和早熟的新植物。"他请卡特资助其研究，并在信的末尾写道，“让我们共同使世界变得更美丽。我们一直在努力。”他也许收到过来自白宫的公函，但总统本人却从未回信。

伍德利夫的朋友告诉我，尽管他在给卡特的信中表明对未来的百合杂交有一些想法，但他在信中并未过多谈论自己的杂交工作，也并不是很关心某种百合的渊源。人们可能也无法理解他的理论与方法：乔治记得他父亲曾给每个杂交品种都贴上标签，并说其他人不可能参透这些用来标记百合的符号代码。但大多数人都承认，伍德利夫研究出杂交品种后，对于新品种后续的大量种植和销售并不感兴趣。正如不同育种者告诉我的那样，伍德利夫喜欢的只是过程。他痴迷于将一朵百合的花粉刷到另一朵的柱头上。就是这样，这就是所有他想做的。

红木学院（College of the Redwoods）的农艺教员伯特·沃克记起有一次带他的学生去伍德利夫的温室参观。“他有一堆小玻璃瓶，把黑颜料倒在里面搅拌均匀，让里面完全变黑。接着他盖上盖子，用碎冰锥在盖子上戳一个洞，并将驼毛刷头朝上放入洞中。他告诉我的学生，‘这小瓶子里除了干颜料什么都没有，没什么会让人兴奋的东西，但一旦你迷上它，便会欲罢不能。’”

伍德利夫用这些小黑瓶的外表面收集花粉。他选取侧面平整的瓶子，这样就有一个很好的工作面了。将瓶内染黑后，其外表面就变得好似一面镜子。轻弹百合花朵，落在瓶子平坦侧面上的花粉就会清晰可见，接着伍德利夫会拔出驼毛刷，用它将花粉收集起来，给另外的百合授粉。

“他那里到处都是这种瓶子。”伯特告诉我，“这是他的嗜好。他直言自己沉迷于这一刻。但问题是，他也许知道如何得到一个杂交品种，但却没有把它记录下来，也没有一丝不苟地进行反复验证。”即便伍德利夫声称自己知道一种百合的谱系，但伯特却不怎么相信。驼毛刷从来都不是很干净，也说不清上面每天到底沾了多少种百合的花粉。此外，他还故意在此过程中制造些混乱。

他曾将各种花粉装到罐子里摇匀，撒在正在盛开的百合花田中。一个种植者告诉我："莱斯利有自己的理念。他会告诉你：'把一副扑克牌抛向空中，然后开始选牌，最后就能拿到一手同花大顺。'因此他只是在散播基因，这就是他工作的独特之处。他会去尝试人们认为做不到的事情。”

伯特记得伍德利夫在衬衫口袋里装着百合照片走来走去的样子。“不管他去哪里，无论是参加苗圃协会会议，在工厂里交谈，还是在市中心碰面，他都会掏出照片给你看。他会说：'这很有趣。要是我能得到这种花直立生长的特性，还有这种花的香味，以及另外一种花的颜色，那么就能赚到上百万美元了。'诸如此类。我们会说：'嗯，这真是太棒了，莱斯。'但心里却在想，'嘿，这家伙真是个梦想家。'莱斯确实是个梦想家。他从未像说的那样赚到上百万美元。”

育种者靠杂交品种赚钱的唯一可靠途径是申请专利，而这也是刚刚才发展起来的。园艺学家路德·伯班克（Luther Burbank）培育出了大滨菊和八百多种其他植物，他曾在20世纪初写道：“人们可以申请捕鼠器的专利，或取得一首歌的版权，但如果他发现的是一种新水果，那么只要他的名字能够与新发现联系在一起，就算很幸运了。”伯班克于1926年逝世，直到1930年植物专利法才姗姗来迟。但它的确解决了植物育种者无法通过发明取得经济回报的问题。伯班克的朋友托马斯·爱迪生（Thomas Edison）是该法案早期支持者之一。“制造者理应得到保护，农民也拥有同样的权利，”他说道，“植物育种者通常处境可怜，没有机会获得物质奖励。现在他们可以获得资金援助了。”

植物专利法最初只覆盖无性繁殖的植物，它们可以通过嫁接、扦插等方法进行繁殖。种子和块茎植物被明确排除在外，因为它们也被作为食物出售，并且似乎很难管理，特别是在食物紧缺的时候。将种子排除在外还能确保只有特定的栽培品种可以受到专利保护。很多杂交种并非“真正源于种子”，对此类种子授予专利权会导致无意中使其父代或祖父代植株也获得专利。授予专利权的植物可以是培育或新发现的植物，但该法令不允许任何人对随意在田间地头偶然发现的野生植物授予专利权。该植物必须经过验证是新品种或改良品种，并且在申请专利前上市销售不超过一年。植物的专利有效期为十七年，预计在此期间育种者的投入能够获得回报。

我去拜访亨利·伯森贝格（Henry F. Bosenberg），他获得了一项四季开花的攀缘玫瑰品种的专利。在伯森贝格先生的申请中，他根本没有意识到这是历史上第一项植物专利申请。其专利说明书中毫无诗情画意与兴奋之情。他只是简单解释了连续开花的攀缘玫瑰为何比一次性盛开的玫瑰品种好。他写道：“除以上所述外，并未对花的颜色或其他物理特征的新颖性，或是玫瑰的叶片和生长习性提出权利要求。”他甚至没有给花起名，只是将其称作“攀缘或蔓生玫瑰”。第二个植物专利也和玫瑰有关，接下来是康乃馨、露莓，然后又是玫瑰。在最初的三百件注册专利中，有一半是关于玫瑰的。尽管当时正值大萧条时期，还是有比食品数量更多的花卉注册专利。有记者感叹，在植物专利法通过的头五年里，“除了一种获得专利授权的蘑菇，其他蔬菜专利实在少得可怜”。

植物专利很有市场，早年通用电气（GE）便曾涉足此领域，将经过30秒X光照射、不再散落花粉的“帝王百合”注册为165号植物专利。照过X光的百合所生出的小鳞茎（能长成完整鳞茎的小分支）同样具有不散粉的特征，这符合植物专利法早期的要求，即获得专利权的植物通过种子以外的方式繁殖。除了让鳞茎球接受辐射，这项专利并不涉及真正的发明，没有杂交配种，也没有在父代植株上反复试验。但通用电气的百合却是最早将现代技术用于切花育种的专利申请之一。

1970年，植物专利法进行了修订，纳入了由种子生成的新品种。到那时，已有3320个植物专利获得授权，而法律的修改也为生菜、豆类、小麦、棉花等更多产品获得专利扫清了道路。1995年，植物的专利期限延长至二十年，从而使育种者在植物专利过期、开始在市场上泛滥之前，可以收足20年的特许使用权费。

很多植物专利申请都会描述新杂交种的世系，以说明杂交种是新颖独特的创新。但时至今日，人们还是无法说清伍德利夫“星象家”百合的确切身世。一位百合种植者猜测，它可能具有香华丽百合的血统。香华丽是一种产于日本南部海岛陡峭悬崖上的野生东方百合。它有朝上绽放的花朵，但容易得病，花期多变，不耐严寒，需要在石质土壤中生长。但似乎伍德利夫在20世纪50年代初的国家百合展上已经驯化了香华丽百合，并发现了它的潜力。“星象家”可能也有点天香百合的影子。天香百合花洁白，花瓣上有呈中心放射状的金黄色脉纹，并布满橙红色斑点。此外还能找到鹿子百合的基因，赋予了“星象家”浓郁的香气和红艳的花色。

可以肯定的是，当特德·基尔希走进太阳谷的花田，看到“星象家”带波浪褶皱，向后翻卷的花形，粉紫色带白边的花瓣上点缀着紫红色斑点，星形的黄色花芯，黄绿色花丝顶端的花药布满红棕色花粉，此时他知道自己又有新发现了。到20世纪70年代中期，基尔希把“星象家”交给俄勒冈和荷兰的种植者，希望他们在不同的环境中大规模种植，看其是否适合作为切花。1976年9月，基尔希提交了“星象家”的专利申请。他的声明中说：“新品种百合幼苗的亲代植株不明。我一直致力于百合新品种的培育和改良，并于1971年在加利福尼亚阿克塔一片由本人管理的试验田中发现了它。”该专利申请中对伍德利夫只字未提。

这并不是说基尔希不需要伍德利夫的工作。他和伍德利夫让大家了解到，“星象家”是由伍德利夫杂交，并由基尔希选育的。（“伍德利夫做不了选择，”大卫告诉我，“他热爱杂交工作，但迟早得选择一个杂交种进行种植。”）北美百合协会（North American Lily Society）的简报和关于百合育种的书籍通常将杂交品种的产生归功于莱斯利·伍德利夫，但基尔希购买了伍德利夫的百合，也就获得了对之进行选育和申请专利的权利。后来基尔希又获得26项百合专利，其中有25项都被描述为“幼苗的亲代植株不明”。我发现这些专利百合中有几种是伍德利夫的功劳，例如他广受赞誉的“丽芙”（Le Reve），这是一种拥有梦幻粉色，花期较迟的东方百合，后以基尔希的名义注册为5189号植物专利。基尔希与伍德利夫之间的合约也给了他为百合花命名的权利

（4881号植物专利即以他女儿劳拉的名字命名）。而伍德利夫一生中只注册了两个植物专利，都与同样是他钟爱的秋海棠有关。他在一次报纸采访中声称，维持一项专利需要耗费太多精力，他没时间去做这些事。这意味着基尔希，而非伍德利夫，能够申请百合专利，并从中收取专利费。

我们不便指摘基尔希的所作所为。他是个商人，据说为人诚实坦率，强硬但又富有同情心。他是真心想帮助伍德利夫一家，事实上是他们主动向基尔希寻求帮助。起初当露丝·伍德利夫在俄勒冈一个加油站碰到基尔希时，最早与他谈到了合作。伍德利夫的朋友则认为，他“一直想傍个大款”。（即使当伍德利夫与太阳谷的关系走到了尽头，他的一个手写的百合目录，包括苗圃在内都上了出售清单，他声明，该业务已“远超出一个家庭力所能及的范围，因此我们寻找合作伙伴，以及公司形式的投资资本”。）伍德利夫家的人至今仍认为，是穷困和每况愈下的生意将他逼到如此地步。但基尔希则认为自己对所买的百合给出了一个合理的价格，并且他申请专利和命名的权利都已在协议中明确列出。此外，他觉得给伍德利夫一家提供工作已是慷慨至极了。

“显然，你不能就这么把百合从伍德利夫一家手中拿走，”大卫告诉我，“否则的话他们今后该怎么办？他们是百合之家，这是他们的生活。特德真诚地认为，他可以让他们改头换面，住上规整的房子，支付他们工资，这些都对他们有好处。但当特德打电话告诉我，他们把百合带回家藏在床底下时，我丝毫不感到惊讶。”

基尔希和伍德利夫之间的关系急剧恶化。基尔希的家人认为伍德利夫一家根本不服管束。“你无法说服他们朝八晚五，中间一个小时吃午餐，等到周末再回家。”大卫说，“他们的生活完全不按正轨。”另一方面，伍德利夫的儿子乔治和女儿贝蒂则告诉我，他们的父亲之所以愿意来太阳谷，是本以为他可以像科学家那样工作，却没想到要像工人一样劳作，要去搭建和修理温室。他小时候曾受过背伤，因此干不了重活。他感到这项工作既是对他这个植物育种者的不尊重，同时也超出了他身体许可的范围。

与两人都认识的一位百合种植者告诉我，雪上加霜的是，基尔希犁掉了太阳谷的一片地，里面种着很多伍德利夫培育出的奇奇怪怪的杂交百合，这让伍德利夫一家愤怒不已。太阳谷 1976 年的记录表明，当时确实有这样一件事发生。其记录部分如下:“我们丢弃了上百种表现不佳的百合。我们从超过 15 个杂交培育者那里购买百合，目前已繁殖出两千多种不同个体，我们更关心的是能得到高品质的百合，而不是何时和由谁来培育……如今我们从 25,000 株自产的籽苗中进行选育。我们认为百合是未来之花。”

尽管可能有合理的理由放弃一些伍德利夫培育的百合——作为商人，基尔希也许并不愿意占用宝贵的土地和温室空间，去慢慢养植数千株未经验证的、没有标记的杂交品种。当然也很容易理解伍德利夫看到毕生心血毁于一旦时会有何感受。如果我是莱斯利·伍德利夫，我可能也会将一些种球藏在床下。

“星象家”以及基尔希从伍德利夫那里购买的其他百合最终将见诸公堂是不可避免的。两人之间的纠纷终将导致两败俱伤：伍德利夫感到被人骗走了百合，而基尔希则认为，作为对他慷慨和善意的回报，却是使自己陷入了令人不快的法律纠纷。两个人必定都很惊讶，他们的业务关系竟然这么快就土崩瓦解。

双方的合同最初签订于1970年3月5日。除了约定购买伍德利夫所有的百合（包括命名和申请专利的权利），并雇用他在太阳谷工作之外，基尔希还得到了他们在布鲁金斯的土地所有权，并打算将其出售以收回成本。基尔希花了1000美元购买种球，又掏出12,000美元帮伍德利夫还清债务，并同意按每小时2美元的酬劳雇用伍德利夫，按每小时1.65美元的标准雇用他的妻子、儿子艾伦和女儿维琪。他们可以住在太阳谷的一所房子里，然后每个月从各人的薪酬中扣除25美元作为租金。伍德利夫还可以获得其百合销售利润的5%。如非提前终止，雇用合同的有效期将为七年。伍德利夫一家还接受了从太阳谷离职后为期三年的竞业禁止条款。

布鲁金斯农场一直运营到1970年10月，直至伍德利夫举家迁往阿克塔。伍德利夫把他的农场称为百合仙境，因为他总爱说，给花刷上一点花粉能创造魔法般的奇迹。仅仅九个月后，基尔希就给伍德利夫发出了一封正式辞退信。他声称，伍德利夫一家拒绝服从管理，过早地移走百合，而最奇怪一条是，没有报告“项目中一个最珍贵的百合种球的丢失”。据说这个种球消失了数月，直到伍德利夫“被迫说出其下落”。没人记得清到底丢了哪个百合的种球，但清楚的是，基尔希从一开始就对“星象家”兴趣浓厚，这株特别百合的失踪当然会让他大伤脑筋。

伍德利夫于8月提起诉讼，控告基尔希违约。他称自己和家人非常愿意从事雇主规定的工作，从未拒绝履行分配给他的职责，但基尔希却无故终止合同，并占有了所有百合。他声称，这些百合以及其他出售给基尔希的资产，加上它们未来的潜在利润，价值可达301,000美元，远远超过一年前被售出的金额。基尔希提出反诉，声称他因损害和伍德利夫未能提供的“一些百合种球”而损失了6000美元。这场官司持续了两年时间。

庭审记录已经被毁，但大卫忘不了在法庭的那些日子。“特德无需做太多辩护，”大卫说，“只需让莱斯利出庭，让他来说。法官和大家都清楚，这个人不适合被雇用。整件事非常令人难受，没人愿意进行这项诉讼，但最终我们还是这么做了。莱斯利出了庭，大家都意识到，这个人根本无法履行雇用合同的条款。”

伍德利夫一家对此案的具体细节已经记不太清。长子乔治曾警告父亲不要与太阳谷做交易，他记得曾听说过他父亲“无法承担他们要他做的所有体力劳动。他们真的很蠢，竟然要父亲去做木匠都能做的工作。他本可以靠杂交百合为他们赚更多的钱。但他们从一开始就走上了歧路，我知道他们（太阳谷）并未达到交易目的”。乔治怀疑父母不让他了解更多详情，因为“他们不愿与我分享痛苦，他们知道我从一开始便不喜欢他们去那里。但我知道这不再适合爸爸，他很痛苦”。

1974年春天，作为向太阳谷进行“个人财产转移”应得费用，连同几百美元的诉讼费，法官共判给伍德利夫5000美元，并当庭驳回了伍德利夫一家提出的有朝一日这些百合将比当前价值更值钱的诉求。法官写道：“未来是可能有利润，但现在就要求兑现未免太过投机。”

到结案之时，“星象家”正准备上市销售。一个加州种植者告诉我：“我对荷兰人的偏见是，他们觉得一朵花并无太大价值，除非他们在荷兰也开始种植。所以他们会来到这里，带几种花回去，摆弄一下，然后造出自己的杂交品种。当然，这些杂交品种的工艺确实也在不断改进。‘星象家’是第一株很快被认为是成品的百合。它开始商业化运作，表现得完美无缺。”荷兰人只需要利用分生的方法复制繁殖“星象家”，这样可以让无病毒的组培物在实验室中快速生长。

1976年，在刚刚提交专利申请之后，太阳谷就将“星象家”推向市场。公司在其记录中有如下描述：“这种茎秆挺直、颜色鲜红的东方百合异常出色。它的花比‘旅途终点’（Journey's End）的颜色更深，花朵更大，也更有活力。在荷兰，这种百合继‘魅色’之后，再度受到了其他百合难以比拟的热捧。种植者离不开这种百合。它必定会成为许多优良的东方百合新品种和幼苗繁殖的亲代或祖父代品种。”

不过，这种百合慢慢才被美国花商所接受，他们觉得这种花香气太浓，花朵太大，颜色也过于艳丽。1980年出版的北美百合协会的简报中称：“‘星象家’的突出特点是便于包装，它的花梗几乎垂直，与大多数东方百合比，一个货箱中可以多装一倍的花。”“星象家”的好处与消费者的关系不大，更多是迎合了种植者和批发商的喜好。他们在处理这种百合时，其花朵不会轻易从茎上脱落，人们看到它也会更心动。

在荷兰，“星象家”对种植者而言非常重要的另一个优势是：基尔希在荷兰没有取得种植者的权利。他与荷兰的合作伙伴在1976年订立书面合同，以每个五美元的价格购买了三千个种球，作为条件，基尔希同意不在荷兰申请种植者权利。这意味着，尽管该植物将在美国获得专利，但荷兰种植者无需支付任何专利费用，便可将其自由繁殖和销售。这种更大、更艳丽的花吸引了消费者，“星象家”在荷兰迅速成为最畅销的东方百合。最终，美国消费者也开始喜欢上它，或许是因为被长期潜移默化地影响了。（很多人都抱怨百合的香味过于浓重，无论他们有没有意识到，他们所抱怨的大多是“星象家”。）现在，它仍然是东方百合的最佳典范，每年仅通过荷兰式拍卖便有约3600万枝的销售量。虽然新的杂交品种开始逐渐取代“星象家”的地位，但正如基尔希所料，这种著名的百合是很多新品种的父代或祖父代。

莱斯利·伍德利夫沮丧地看着他的百合成为畅销花。他根本无法从失去百合或潜在收入损失的痛苦中恢复过来。如果他不放弃权利的话，原本能够赚到上百万美元。他的朋友告诉我，“星象家”获得专利并投入生产后，又过了十年，他才再次获得这种杂交百合的鳞茎球。每当在咖啡店看到摆在收银机旁的“星象家”，或是看到在母亲节和情人节摆满“星象家”的花店，当意识到所有这些全都从自己的指缝间溜走时，伍德利夫肯定会为此感到抓狂。

虽然关于这花的事让伍德利夫感到痛苦，但基尔希也没靠“星象家”致富。讽刺的是，伍德利夫以1000美元的价格就把所有百合卖给了基尔希，然后基尔希仅以15,000美元的价格就把“星象家”卖给了荷兰人。这株百合带来了数百万的收入，但它的杂交者和所有者都没得到这笔财富。基尔希甚至没有在美国强制行使专利权。1981年，他向华盛顿球根花卉公司（Washington Bulb Company）提起专利侵权诉讼。此事最终达成庭外和解，华盛顿球根花卉公司同意每卖出一枝“星象家”，就向基尔希支付10美分特许权使用费。当时家庭律师大卫曾致信其他一些种植者，警告他们可能存在专利侵权行为。但基尔希从“星象家”身上收到的全部特许权使用费屈指可数，因为大多数“星象家”

都来自荷兰。

到20世纪80年代中期，基尔希准备退休。他把太阳谷卖给了俄勒冈州的梅尔里奇公司（Melridge, Inc.），其正在收购太平洋西北区花卉农场，试图成立一家庞大的花卉集团，并准备公开募股。梅尔里奇公司后来成为90年代后期互联网泡沫破灭的先驱，会计师对公司估价过高，股东纷纷起诉，公司所有者逃到国外，许多卖掉农场换购梅尔里奇股票的农民也血本无归。特德·基尔希很精明，不愿接受用股票来购买他的农场，他是为数不多坚持现金支付的人。当他卖掉农场时，“星象家”专利也被一并售出。当时基尔希仍住在阿克塔，正如看到“星象家”的成功给伍德利夫带来了巨大痛苦一样，看到太阳谷的突然衰败也对基尔希造成了伤害。幸运的是，他能在有生之年见证梅尔里奇公司原雇员莱恩·德弗里斯，与一些荷兰合伙人联合收购了一些资产，其中包括“星象家”的专利，从而使太阳谷免于破产。大卫告诉我：“特德过去常说，他遇见莱恩·德弗里斯时就应该把公司交给他，也就能免去所有这些痛苦。”时至今日，“星象家”仍然是太阳谷的标志性百合。

荷兰种植者永远不会忘记莱斯利·伍德利夫的贡献。“星象家”不是他的唯一成就，他还培育出了著名的“黑美人”（Black Beauty），一种五到八英尺[1]高，深红色带银白边的百合。还有“白亨利”（White Henryi），一种花瓣中央有奶黄色脉纹，带肉桂色斑点的华丽白百合。（伍德利夫曾经带着一株茎高六英尺，比他肩膀还高的“黑美人”乘坐

1 —— 1英尺=0.3048米。

短途班机，虽然飞行员要求他把该植物的大部分扔下了飞机，但剩余的花朵仍然在当年的北美百合协会花展上赢得了大奖。）正是因为这些成就，才使得皮特·库普曼于1988年来阿克塔拜访他。通过那些朋友对他的描述，我能想象出当时伍德利夫的样子：几乎离不开轮椅，总是坐在温室中一把看似从货车上扯下的旧椅子上。他脖子上挂着一个收音机，每当有陌生人来温室探访他的传奇百合，他就会从衬衣口袋里掏出一个小黑瓶，摇晃着冲他们喊："我迷上了这个瓶子！"

仔细考虑了伍德利夫的悲惨境遇后，库普曼决定将其处境公之于众，并为其筹集一些资金。"我是种植者的儿子，我知道这需要多少钱，"他说，"这是我唯一能为他做的事情。"库普曼为一本行业杂志写了篇文章，筹集到了大约45,000美元，足以在伍德利夫的余生每月寄给他一小笔钱。一群荷兰种植者引进了一种叫"年轮"（Woodriff's Memory）的浅粉色东方百合，收取的专利费也能使这位著名的育种者受益。回首往事，库普曼谈到伍德利夫时说："他是个好人，但很天真，太容易信任，对世间而言太过善良了。"

90年代初期，另一个荷兰团体来到加州，授予伍德利夫荷兰皇家球根花卉种植者协会（Royal Dutch Bulb Growers Association）久负盛名的迪克斯勋章（Dix Medal）。他的妻子露丝于1990年去世，没能看到他获此殊荣。随后，伍德利夫于1997年去世。同他们的一个女儿一样，二者均死于癌症。伍德利夫的女儿贝蒂怀疑，三人的死均归咎于在温室中毫无防护地使用杀虫剂。他们为对百合的热爱付出了高昂代价。他的一位同行告诉我，"'星象家'是有史以来最受欢迎的百合。这是一个成功的故事，但却与培育了它的人无关。我不会称伍德利夫为天才，但他是个乐天派。莱斯利·伍德利夫拥有别人都没有的梦想。”

第二节　塑造完美

走进杂货店，你会看到老式和新式切花并排养在花卉区。那里也会有一大捧或六枝一束的太阳谷“星象家”，浅粉色的蓓蕾大都合着，让人难以一探究竟。自从知道了它的故事，我就将这种花视为错失机会、贫富变换、在切花行业难以立足的老人的象征。这是种属于过去的花，它的出现没有掺杂任何商业计划或企业战略的影子。

在“星象家”旁边，是一束裹着玻璃纸的暗紫色康乃馨。当我还是个孩子时，我母亲常喝皇冠威士忌，并把装瓶子的紫色毛毡袋收集起来。我实在想不出其他描述这些康乃馨颜色的词语，只觉得它们跟皇冠威士忌的外包装袋简直一模一样。花束的包装纸上可能会贴着“FLORIGENE MOONVISTA”的标签，这是一家澳大利亚转基因花卉公司的名字。说明这些是约翰·梅森培育出的康乃馨。

梅森是澳大利亚 Florigene 公司的研发经理，这家公司一直在不遗余力地培育一种蓝玫瑰。不是淡紫色，不是蓝紫色，也不是接近墨蓝的深紫色，而是真正的蓝色。像飞燕草那样的翠蓝，像勿忘我那样的冰蓝。也许会有人称其为玫瑰育种的圣杯，也可能会有人觉得它惹人厌恶。在我亲眼见到它之前，我不会对之妄加评论。但它现在还不存在，我不得不耐心等待，但很难想象我会喜欢蓝色的玫瑰。当我看到白玫瑰被染色或喷上闪亮的蓝色涂料时，会感到不寒而栗，无法正视。这些都是假冒的，人造的，完全不自然的。但如果在实验室里对其进行彻底改造会怎样呢？

对蓝玫瑰的追求没什么新鲜的。就因为它在自然界中不存在，才激发起各种荒谬的企图希望使它成为现实。玫瑰中完全不含能使花瓣变成蓝色的花翠素，进行再多次的杂交育种也无法改变这种状况。玫瑰的杂交史上也充满了荒诞不经的故事：12世纪一个园丁声称种出了蓝色的玫瑰，后来有人发现他在灌溉用水中混入了靛蓝染料；一个著名的第四代爱尔兰玫瑰育种者称自己培育出了一株蓝玫瑰，但被他父亲毁掉了，因为他担心这会“破坏大众的品位”；还有彼得·亨德森（Peter Henderson），他写了《实用花卉栽培》（*Practical Floriculture*）及其他一些19世纪末20世纪初出版的花卉种植书籍，他喜欢揭露那些用普通的黄玫瑰、红玫瑰、粉玫瑰或白玫瑰种子冒充蓝玫瑰幼苗的骗子伎俩。

培育出蓝玫瑰的唯一办法是丢掉莱斯利·伍德利夫用过的那种老式工具——驼毛刷和玻璃瓶什么的，转而植入来自其他物种的基因。当然这种方法还未见效，至少对玫瑰而言是如此。事实证明，紫色比蓝色更容易得到，康乃馨比玫瑰要更容易操作，这也是为什么Florigene研制出的紫色康乃馨已经在西夫韦超市（Safeway）有售，而蓝玫瑰却还在实验室里连影子都看不到。

当Florigene推出“月亮系列”康乃馨时，它已成为第一家销售转基因花卉的公司。为了获得蓝色基因，公司的科学家转而研究矮牵牛花，育种者把它当成实验室小白鼠。“就花色而言，矮牵牛花是被研究最多的花卉之一。”约翰·梅森告诉我，“在矮牵牛花中已经鉴定出了大量变异体，因此有很多遗传信息可用。另外一个原因是，利用基因工程技术很容易对矮牵牛花进行基因操作。这两点相结合，就能得到一个理想的试验植物。此外它们也很容易栽培，可以产生大量的种子，而且我们已经对它研究很长时间了。”

但无论是康乃馨还是玫瑰，要想将花变成蓝色，并不是植入基因让其繁殖那么简单。梅森及其同事们必须面对的事实是，特定基因的存在或缺乏不是花瓣颜色的唯一决定因素。这远比在调色板上调色复杂。

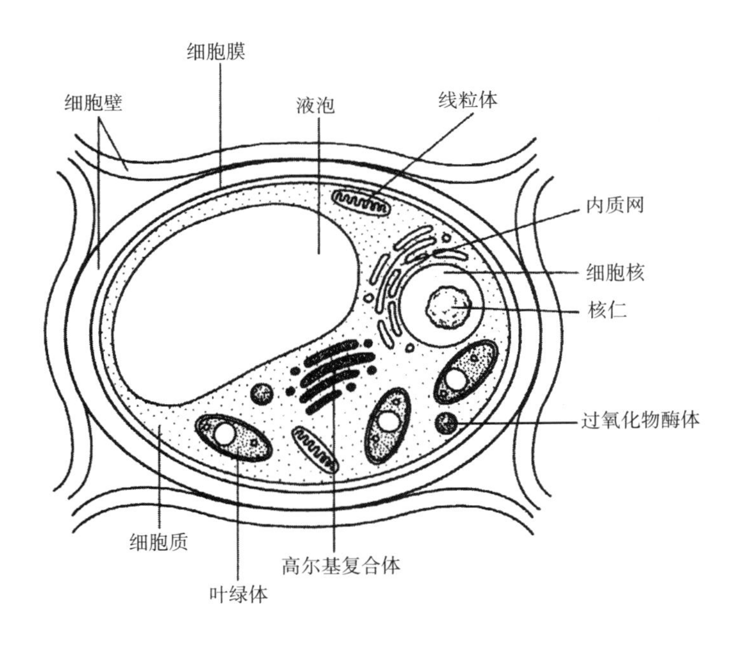

想象一下水煮蛋的横截面，就可以对植物细胞的样子有个粗略概念。蛋壳相当于细胞壁，而蛋清其实是个繁忙而拥挤的地方，由被称为

细胞质的胶状物质组成，里面容纳了细胞核和许多执行不同植物功能的细胞器。其中一些细胞器叫作叶绿体，里面含有叶绿素，一种可以让植物显现为绿色的植物色素。根和花瓣等非绿色部位的叶绿体通常较少，它们更多存在于叶和茎部。其他还有叫作有色体的细胞器，含有不同色素，最常见的是类胡萝卜素，可以产生黄色和橙色。想象一下树上的叶子在秋天由绿转黄。那是因为树减慢了生成叶绿素，露出了始终存在于叶子中的黄色类胡萝卜素的颜色。

现在把水煮蛋的蛋黄想象成液泡，这是细胞内容纳水、食物、代谢废物以及类黄酮物质的腔室。这里有约翰·梅森一直在寻找的色素。类黄酮具有多种功能，其中一些负责产生蓝色、粉色、紫色和红色等植物色素。只有在充满液体的液泡里才能找到这些植物色素，特别有一组控制花瓣颜色的类黄酮被称为花青素，它包括红色或粉色的矢车菊色素，猩红或砖红色的天竺葵色素，以及纯蓝的花翠素。要是看到白底带红色、紫色或粉色条纹的花，那是因为有些细胞的液泡缺少花青素，导致植物的那些地方看起来是白色的。

因此 Florigene 开始从矮牵牛花的液泡中提取花翠素基因，注入一种细菌，然后这种细菌会穿透玫瑰细胞的细胞壁，为其植入花翠素基因。按照遗传学家的标准，这个过程非常简单，但随后的事情就更复杂了。

约翰告诉我："如果从花瓣中提取所有色素，注入试管，会得到一个颜色化合物——比如说 100%的花翠素。但在该化学溶液中，还有其他一些可知与不可知的化合物和共色素。它们与色素本身在化学结构上非常类似，但没有颜色。它们与色素共同影响颜色的亮度和光泽，并且在不同花之间存在很大差异。”搞清共色素如何与花翠素反应是个主要障碍，这也是科学家尝试各种各样的玫瑰，试图找出一种更容易接受蓝色色素的玫瑰的原因之一。

“现在话说回来，”约翰接着说，“还有其他已知的能产生颜色的因素，我敢说甚至还有一些是我们不了解的，这让事情变得更有趣。我们知道的一个因素是色素所处环境的 pH 值或酸度。例如将一些紫色康乃馨捣碎，把汁液装入试管，接下来如果提高液体的 pH 值，使其偏碱性，它们会变蓝。花翠素其实是很好的 pH 值指示剂，这也是很难见到纯蓝色花朵的原因之一。存储色素的液泡中的 pH 值似乎存在天然的限制。”

我向他讨教关于绣球花的事，这种花反而会在酸性土壤中变得更蓝。“这也与 pH 值有关，但方式不同。”他说，“在酸性较大的土壤中，植物会吸收铝离子，这对大多数植物而言是有毒的，所以植物会将铝离子存放在不会引起损害的地方，而液泡就是非常合适的地方。铝离子与色素相互作用，使其显现出蓝色。对于共色素，金属离子很重要。比如矢车菊或喜马拉雅罂粟花，两者都有漂亮的蓝色，但实际上它们是红色素花。以矢车菊为例，我认为是因为其色素与金属离子镁相互作用，才导致花变蓝。这方面没人做过多研究，包括我们在内，所以这是我们知之甚少的会影响颜色的因素之一。也许以前的玫瑰在液泡中有更多的金属离子，由此产生了淡紫或紫色的花。我说不准，但这是个有趣的问题。”

不只是这样，即便是花瓣表面性状也会影响颜色。在显微镜下，许多花的花瓣其实都凸凹不平。有些上面布满圆锥形状，有些则是平缓的丘状。这些形状会影响光线折射，决定了色素在眼中呈现何种颜色。除此之外，当约翰对花进行基因改造时，需要在开花前经过漫长的等待，才能看到结果。康乃馨在实验室中从试管培育到开花需要9个月，玫瑰则要一年多，即使是将一点组织嫁接到已经成熟的植物体上，也需要很长时间等待植物长成。Florigene在温室附近有一个实验室，每过一到两周，约翰和同事们都会巡视成行的花，寻找实验成功的迹象。但到目前为止，真正的蓝玫瑰仍未在Florigene的温室中绽放。他一直在等待着那一天，温室经理会给他打电话说："约翰，你最好过来看看。"

在探求蓝玫瑰的过程中一直有个奇怪的悖论。育种者对这一想法已经痴迷了几个世纪，Florigene把大量资源投入实验室中去做大自然不愿做的事，但我尚未遇到真想要蓝玫瑰的人。我跟消费者聊天时，不论是朋友、家人、园丁，还是其他花卉爱好者，都嗤之以鼻，告诉我他们无法想象为什么有人会买这样的东西。零售花商似乎也犹豫不决，主要是因为他们不确定能否说服消费者尝试一下这种奇特的玫瑰。甚至批发商也不认为自己想要蓝玫瑰，但至少他们会告诉我这可能是棵摇钱树。"这太不寻常了，"一个批发商告诉我，"这是个新奇的玩意儿。看看那些染成蓝色的玫瑰，还是有人会买。"确实如此，肯定会有人买。但问题是我不知道是谁。

约翰·梅森告诉我，很多年前Florigene曾有个专门研究这一问题的焦点小组。"事实证明，很多人会在不同场合选择不同颜色的玫瑰。"他说，"情人节要送红玫瑰，朋友间要选黄玫瑰，葬礼上则要用白玫瑰，诸如此类。人们碰到的最大问题就是，蓝玫瑰用在什么地方才合适？很多关于它们的评论确实不利。”

这可能是蓝玫瑰育种者所面对的最大挑战。玫瑰具有比其他花卉更强的象征意义。在希腊神话对阿多尼斯之死的描述中，第一朵玫瑰是从垂死之人的血液中萌生的。在另一个版本里，他的爱人阿芙罗狄特在得知其死讯时，悲恸地步履蹒跚，从而不小心被刺刺伤，她的血液把白玫瑰染红。因此，红玫瑰成为永恒激情和不灭爱恋的象征。18世纪的诗人罗伯特·伯恩斯（Robert Burns）曾写道：“啊，我的爱人好似那红红的玫瑰”，并承诺他对恋人的爱将“直到海枯石烂”。

一直以来，白玫瑰都是纯洁、无邪与信仰的象征，是圣母玛利亚的标志，还被宗教改革家马丁·路德用作自己的象征。15世纪玫瑰战争期间，白玫瑰代表约克王朝，对手兰卡斯特王朝则选择了红玫瑰。当亨利·都铎登上王位，结束战乱后，他创造了红白两色的都铎玫瑰徽章，象征两个家族的联合。第二次世界大战，德国的白玫瑰会（White Rose Society）奋起反对纳粹政权。但是蓝玫瑰却没有历史，也没有传说，因此也没有寓意。维多利亚时代的人认为，由于蓝玫瑰对他们而言是不可能的神作，可以用来代表神秘。考虑到蓝色与天空、宇宙和广阔未知的海洋相关，这种象征是合适的。但是，“神秘”究竟传达给受众什么样的信息？

这是花商必须解决的一个问题。约翰·梅森确信，一旦见到实物，公众就会被征服。他说：“如果在电脑上绘一张蓝玫瑰的图片向人展示，大多数人会说，‘嗯，这是人造的。’但要是在手上拿一朵蓝色的花，再看大家的反应就会很有趣了。”

于是我问约翰，他自己是否希望有蓝玫瑰。“我的意思是，你会环顾花园，说‘这里正需要一枝蓝玫瑰’吗？”我问道，“你会送一束蓝玫瑰给妻子吗？要是你这么做的话，你会对她说什么？”

他顿了一下，笑起来。“嗯，是啊，这问题可不好回答。我知道人们会说：‘噢，这花多可怕，多不自然。’但我真的很好奇，那将是何种景象。我喜欢蓝色，我最喜欢的喜马拉雅罂粟就是漂亮的蓝色。我认为，有朵蓝玫瑰多妙啊，但是……嗯……”他支吾起来，“看到它的样子将会很有趣。”

与所有基因改造产品一样，有比花的外观更利害攸关的问题。由于康乃馨不会自行繁殖，Florigene 公司研制的康乃馨也不会散播到野外，所以这种转基因花卉受到的关注远小于那些转基因玉米，因为转基因玉米的花粉会飘落到邻近田里的有机玉米上。即便如此，当 Florigene 公司在荷兰就出售康乃馨发布公告时，该公司不得不提供大量信息，说明这种康乃馨的花粉是否有潜在的可能去影响花园中种植的其他康乃馨。Florigene 公司在其公告中强调了不存在这种可能性，并说明：“在欧洲，康乃馨不是侵害性植物。它在公园和花园里有数百年的种植历史，并且在任何地方都不会变成能自行大量繁殖的侵害性植物。”公司还强调，康乃馨不是可食用的物种。“康乃馨不会成为食物。当然也不排除极小的可能，一些家庭会食用花瓣，或用花瓣装饰食品。万一发生这种情况，我们仍认为转基因康乃馨不会带来任何健康风险……”最后，该公告指出，“消费者所购买的进口康乃馨存活时间不会超过三周。在这段时间内是不可能结籽的。被丢弃的康乃馨也没有繁殖能力。”

Florigene 公司的康乃馨尚未在美国推广种植。该公司已与拉美种植者订立协议，让他们在拉美代为种植康乃馨，并回售给 Florigene，然后其再作为批发商将花推向美国切花市场。我问来自忧思科学家联盟（Union of Concerned Scientists）的简·李斯勒（Jane Rissler），转基因切花是否会引起美国消费者的极大关注。"对于所有转基因生物，我们都会进行风险收益评估。现在，我们对其好处持怀疑态度，而更关注风险。但我们并不反对转基因生物。如果是以不可食用的切花形式引进，就很少会引起消费者忧虑。你可能也会问，基因技术是否会导致花卉工人过敏原的物质出现。但我认为这不太可能。所以这跟转基因玉米完全不是一类问题，不存在需要关注花粉飘散的问题。现在，无论在哪里种植，都应该考虑环保问题和野生近缘种等问题。例如，康乃馨的新特性是否会增强其杂草性，这些都是需要考虑的问题。但切花和食物之间有很大区别。它们显然不是我们最需要担心的基因产品。"

我问约翰·梅森，Florigene 公司在推出第一批转基因切花时是否曾遇到过阻力，他说："事实上批评之声很少。大部分会说：'耗费精力去摆弄这些花真是浪费。你这么有才的人，为何不做些更有意义的事，比如治疗癌症。'如此等等。我觉得这对我们来说是好消息，因为人们没有把它们视为危险品。"

我跟约翰·梅森首次交谈大约一年后，一次我打开报纸，关于世界上首枝蓝玫瑰即将问世的新闻赫然在目。刚刚收购了 Florigene 的日本酒业食品公司三得利宣布，它开发出了一种通过植入花翠素基因而生成的蓝玫瑰。

我盯着报道配发的照片在那里坐了很久。精确再现花的颜色对于最好的摄影师也很有挑战性，拍摄新闻图片更需要技巧。不过我敢肯定，照片中的玫瑰不是真正的蓝色，看起来倒有点发紫。

最后，我上楼给约翰打电话："跟我聊聊这枝蓝玫瑰吧。"

电话那头一阵沉默，然后他笑了起来。"嗯，首先，它不是蓝色的。"他说，"我们参考了皇家园艺学会（Royal Horticultural Society）的比色图表，育种者大都这么做。我认为，所得到的颜色属于紫罗兰组，更接近我们的转基因康乃馨。对我们来说，真正的意义在于这是一种新颜色。但销售人员出于营销目的，更倾向于使用'蓝色'这个词。"另外这篇报道可能还有其他用意。买下 Florigene 公司 98.5% 的股份后，三得利急于向公众和投资者公布一些业绩。"但 Florigene 要研制出梦寐以求的真正蓝玫瑰到底还需多久？"

"是啊，这是个好问题。"约翰说，"以前我们总会说需要三到五年，但我们已经这么说了十年了，不是吗？"

Florigene 公司偏紫的所谓"蓝玫瑰"以薰衣草玫瑰（Lavande）为种株，这是一种华丽的淡紫色玫瑰，因其浓郁香味而闻名于切花贸易。新娘们需要香花时，就会指名要这种玫瑰，而不介意其花期短暂。梅森解释说，这是育种者为迎合市场需求进行鲜花改造时所做的重要折中。香味耗费了鲜花大量精气，从而缩短了其寿命。这是切花育种者必须面对的最新矛盾：芳香的玫瑰会在短短几天内凋谢。知道了这一点，你还愿意花 5 美元去买一枝这种玫瑰吗？花商们并不确定。

和味道一样，气味无法记录在胶片上或画布上。如果给你看一张我花园中“纯银”（Sterling）玫瑰的照片，你会清楚地看到它的样子：深紫色的花苞，盛开时是甜美的淡紫色小花，最终凋谢时会褪变成白色。但无论我如何费力形容它那传统玫瑰的麝香味，你也不会真正了解，直到亲自嗅到它的芬芳。也许这就是为什么很多花都用味道来形容气味：香豌豆闻起来像蜂蜜，玫瑰闻起来像苹果，石竹像棉花糖般香甜，而天竺葵被压碎时，会散发出肉桂和肉豆蔻的味道。

食物和气味之间有关联并不奇怪：当麝香葡萄酒被描述为具有“茉莉香味”时，化学分析可以证实，其实麝香葡萄酒和茉莉花都含有名为芳樟醇的化合物，这在其他花卉植物，如薰衣草、迷迭香和鼠尾草中也能找到。事实上，大多数我们所知道的味道其实根本无法品尝出来。舌头只能感觉咸、甜、酸、苦。（第五味“鲜”是否存在仍处于争论之中，其被认为类似可口的肉香味。）食物的其他味道其实是气味，在很多情况下是由植物产生的挥发油，我们通过位于鼻梁后部的嗅觉受体细胞来感受它们。这就是为什么在感冒时，很难品尝出食物的味道。

花在其短暂的生命中，能产生数十种芳香化合物。它们的主要目的不是为食物增加味道，或散发出令人陶醉的花香，而是为了与能帮助它们繁殖的传粉者进行沟通。这些气味告诉昆虫在哪儿能找到花蜜，在哪儿能够产卵，在哪儿能够采集花粉。鲜花依赖昆虫的气味腺破解信息，从而达成自己的意愿。

这些复杂的信息对我们而言只是香水和香料，各种信号混在一起，很难辨别单个信号。当我们把脸埋入一束玫瑰或百合时，不知碰到了什么通讯网络。我们所吸入的强烈香味闻起来酷似蝴蝶的性激素。令人作呕的甜味传达出某种信号，花的交配已完成，对其他热情的访客关闭了花瓣。花香在讲述一个故事，我们可以抓到其中的主线，与人间戏剧类似：欲望与饥渴，出生与死亡，甚至还有欺骗和模仿。例如，一些蜜蜂释放某种气味，模仿其最喜爱的花香，希望能吸引附近的伴侣。一座香气四溢的花园则显示出它的欲望与饥渴，庇护和满足。

那么，我们利用花香来传达消息便不足为奇了。一盎司喜悦香水含有约一万朵茉莉和三百多朵玫瑰的精油。大部分香水包括前调，类似丁香花或香橙花的愉悦气味；中调，随着香水在使用者温暖的皮肤上开始挥发，会变成类似天竺葵或薰衣草的味道；后调，一种野性的麝香味，散发出赤裸裸的性感信号。由于这个原因，在非洲化蜜蜂（又叫杀人蜂）出没的地方，人们被警告不得使用香水。香水发出的信号对蜜蜂而言是难以抗拒的，会让它们感到这里是个花园，里面开满了它们喜欢的花。

娜塔丽娅·都达瑞娃（Natalia Dudareva）博士是普渡大学（Purdue University）的教授，她研究鲜花传递给昆虫的各种信号。作为一名对花香产生的生化过程很感兴趣的分子生物学家，她开始调查挥发性物质，如芳樟醇的遗传起源，以及它们如何与传粉者进行沟通。起初，她不太关心这些对切花产业的影响，而是对寻找改造花香以吸引更多蜜蜂，提高产量的方式更感兴趣。西瓜可能需要传粉者至少拜访 12 次，才能产生大个儿的果实。草莓则可以接待多达 25 个访客来帮忙传粉。但许多鲜花一旦完成授粉就不再散发味道，结出的果实也较小，虽然能满足植物的繁殖需求，但并不能让种植者满意。因此，增强苹果树的气味可能是让更多人吃到苹果的快捷而有效的方式。

然而没多久，都达瑞娃博士便意识到其研究在切花产业中的意义。

“如果我们能知道这些化学因素是如何调节的，就可以理解为什么大多数商业品种的气味消失了。”她告诉我，“很多切花的培育主要着眼于存活时间、适于运输性、颜色和形状。从未以香味为培育重点，其实花香早就消失了。”

通过研究山字草、矮牵牛花和金鱼草，她发现各种各样的花都采用相同的生化途径产生气味，这便于科学家改变气味的生成。它们用于产生香精油的基质也是相同的。

都达瑞娃博士在香味产生时间的问题上也有惊人发现。长久以来人们就知道，花准备授粉时会产生气味，当特定的传粉者开始活动时，它们就会释放这些气味。例如曼陀罗会在飞蛾活动的夜晚散发出香味。“传粉者访问过后，”她说，“花就不再需要气味。但在此后的24或36小时内，这些气味并不会消散。事实证明，受精后确实有信号促使植物停止产生气味。这意味着植物希望在停止吸引传粉者之前要确保已受精。”

这对切花产业有何意义？如果能更好地掌握植物发出的停止产生香味的信号，或许就可以随心所欲地开启或关闭这种信号发送机制。娜塔丽娅很快指出了其好处：例如，可以根据运输行程控制香味产生时间，让花在到达目的地时可以更芳香。也可以让花在晚上人们下班回家时开始释放香味。最重要的是，可以通过培养让花重获其本来的香味，也可以同时引入另一种新的香味。想象一下闻起来像茉莉的郁金香，带丁香气味的菊花，还有巧克力味的玫瑰。香水由天然与合成的花香味制成，让百合具有CK古龙水的味道，是否只是时间问题？

但在这一点上，无法绕过的事实是，产生香味对植物来说要付出高昂代价。切花可用的资源有限，它们主要依靠储存在花肥中的碳水化合物和糖来维持其在花瓶里的短暂生命。现在看来，香味也可能与乙烯有关，这是一种无色，并几乎无味的气体，可以加速花的凋谢和果实的成熟。

把一只青香蕉或一个坚硬的鳄梨和苹果一起放入纸袋，你就会发现乙烯的功效。有些植物会比其他植物产生更多的乙烯，苹果的乙烯排量尤其大。乙烯可以催熟香蕉，能使旁边果盘里的桃子变软，还会使鲜花枯萎。这使它成为切花产业的头号敌人。

我们对乙烯的作用并不完全清楚，但我们知道它是一种气态激素，从种子形成、果实成熟最后到死亡，它参与了植物生长的各个阶段。特别是乙烯还负责植物两大自然功能：脱落和衰老。脱落是植物的一部分有意与其主体分离，如树木落叶或玫瑰花瓣凋落。衰老是对老化以及与之相伴的所有过程的一种委婉说法，比如树叶发蔫、花朵枯萎、花瓣褪色。

为了预防这种不可避免的衰退，花商竭尽所能地减少乙烯释放。经营花店的第一准则是永远不要在冷藏室存放快餐袋，以免出现一小片水果毁掉一批玫瑰的情况。（零售花商都不敢相信，超市居然将花束放在农产品区附近，这必然会毁掉那些花卉产品。）根据乙烯敏感性把不同的花分开也会有帮助。例如，圣诞节绿植产生的乙烯气体较多，通常要远离更敏感的花卉，如飞燕草、六出花和满天星。花商要尽可能频繁地给花桶换水，并清理掉所有受伤或受损的叶和茎，因为受伤的植物体会开始迅速释放乙烯气体。让鲜花保持寒冷也很有用：鲜花在 65 华氏度（约 18 摄氏度）比在 35 华氏度（约 1.7 摄氏度）时对乙烯会敏感一千倍。还可以在较大的冷藏室中安装乙烯清除装置，一旦产生乙烯气体，便立即将其清除出去。废气也会释放乙烯气体，所以花商要尽量让花远离空转的汽车或卡车，这在运输和送货上门过程中并不容易。此外还要避免将花桶放在闹市街或停车场的出入口。

还可以用一些化学处理方法。有些种植者和批发商将花长时间浸泡在混有硫代硫酸银（它也被用于照片处理）的水桶中。但这种物品的毒性意味着必须对它的使用进行严格控制，处理要求也很严格。畅销品牌花肥制造商弗洛拉利夫公司（Floralife），推出了一款名为乙烯克（EthylBloc）的粉末状产品，当其与水混合后，可以产生出阻止乙烯释放的气体。当务之急是要找到解决问题的新方法，因为多达 30%的花卉栽培作物损失是由乙烯造成。

正因如此，世界各地的科学家都在想方设法阻止乙烯产生，并降低花对乙烯的敏感度。佛罗里达大学研究人员大卫·克拉克（David Clark）博士，在植物小白鼠——矮牵牛花身上搞清了如何做到这一点。“我们能够破坏乙烯受体的功能，使植物的花期更久，”他说，“我们让花对乙烯气体不那么敏感。”尽管实验获得了巨大成功，但他们还有另外一个惊人发现：一旦矮牵牛花不受乙烯的影响，它们也就不再产生香味。他意识到，一些与释放香味有关的基因受到乙烯调控。他在实验室中验证了传统植物育种者延续了一个多世纪的说法：当培育的花朵瓶插寿命延长时，也就放弃了香味。

培育出完美之花是一种平衡的行为，要在长寿和香味，颜色和形状，遗传学家的意愿和花的能力之间进行折中。但育种者所能做的仅此而已。最终，花会离开实验室走向世界，种植者、货车司机、批发商和花商将把它推向市场。这是一个短暂、忙乱的旅程，并将以不自然的结局告终。鲜花会发现自己出现在飞机上，在零售店里，在花瓶中，而不是繁殖和结籽。

从香味可以了解鲜花的一生，甚至可以预知其死亡。当走进花店，你闻到了什么？是一些天然的香味，以及花商使用的一些小技巧。喷雾剂可以让无味的玫瑰带有人造的玫瑰花香，插花水中的鲜花防腐剂也会释放香味。我能理解这些人工手段为何如此受欢迎，因为将脸埋入花束，陶醉于香气的诱惑实在无法抵挡。即便知道有些花根本没有香味，我还是会去闻。但我能察觉的往往只是萦绕在花店及其鲜花周围的独特气味。这气味让人不讨厌，但并不完全是花香。这就像新车的味道，泛泛地无处不在，立刻就能辨别出来。

当我问起这种香味时，大多数花商都假装不清楚，但最后有人坦率地向我做了解释："我知道你说的那种气味。我下班回家时，衣服上每天都是这种味道。"他告诉我这是一些花混在一起的味道，如百合和紫罗兰的花香，中间夹杂有作为花束填料的尤加利花刺鼻的清香，另外还到处充斥着腐烂的气味。"每当剪断玫瑰茎或剥去叶子时，"他说，"你就会闻到那种味道。与割草的味道差不太多。这是受伤植物的气味，是由于细菌正在伤口附近聚集。而这是花商无法忍受的，代表了花开始死亡的气息。"

第二章　种植

第三节　意大利香堇菜与日本菊花

一百年前，种植者种植家族流传下来的植物，尽最大努力使其做好上市准备。唐·加里波第（Don Garibaldi），一位第三代香堇菜种植者，仍在遵循这种规矩。他的家族在加州海岸种植香堇菜已长达一个世纪，他在自家田地里已经劳作了35年。在海岸边那些泥泞的紫罗兰花田里，你着实可以体验到温室和冷藏车发明之前传统花卉农场的生活。

从旧金山沿太平洋海岸公路开车而下，就能到达他的新年岬花卉种植场（Ano Nuevo Flower Growers）。弯弯曲曲的双车道公路紧邻海岸，沿着丘陵蜿蜒盘绕，攀上常年被海浪冲击的悬崖。空气中总是雾蒙蒙的，冬天开始下雨的时候，丘陵会变成深绿色。天气晴朗时，在海滩对面平坦的田里，能看到洋蓟银色的叶子，秋天则是等待收获的橙色南瓜。花卉种植场通常隐藏在一行行桉树后面，既保护花卉免受咸咸海风的侵扰，也确保司机不会让视线离开公路，被成片盛开的飞燕草或向日葵美景吸引了注意力。

新年岬是一个国家公园的名字，距旧金山南部大约一个半小时的车程，位于圣克鲁兹的正北方。它因成群的海象而闻名，这些海象每年都会到这片受保护的海滩进行繁殖。花卉种植场毗邻这个国家公园，一不留神就会错过。这里有手绘的指示牌，肮脏的车道，以及唐当作办公室的小拖车。远处是一片花田，小到在高速行驶时会稍纵即逝，那里种着香堇菜。

一个世纪以前，香堇菜还是这个国家最流行的切花之一，排名仅次于玫瑰、康乃馨和菊花。我说的不是三色堇或非洲堇，而是香堇菜，那种真正的传统香堇菜，带有来自另一个时代的芳香。这种小巧的林地花卉在早春盛开，那时树木还未长叶。正因如此，拿破仑·波拿巴在被流放前曾扬言将“带着香堇菜在春天回来”。他的妻子约瑟芬挚爱香堇菜，因此他在每年的结婚纪念日都会送给她一束。约瑟芬在拿破仑流放期间去世。拿破仑一回来，便从她的花园里采来香堇菜，把它们装在一个小盒子吊坠里随身携带，直到死去。

香堇菜属于规模庞大、分布范围广泛的堇菜科。其成员遍布北美、欧洲甚至西伯利亚。在全世界约500种香堇菜中，一些无味的三色堇和堇菜属植物，因其尺寸较大，且花朵中间的有趣图案就像它们的

香堇菜

香堇菜，一种原产于欧洲的野生小花，因为它具有普通堇菜野花所缺少的迷人香味，如今与同属于堇菜的三色堇，成为花园里重要的地被花卉。三色堇千变万化的颜色加上香堇菜的温柔甜香，造就了花园里不可或缺的色彩。

“脸”，在19世纪初的花店里很盛行。当时的育种者发现，他们可以将香堇菜与其他花朵较大的堇菜属植物共同培育，得到粉红和淡蓝色的花，散发出人们熟知的堇菜花香。但最流行的切花品种是更大、更有活力的深紫色香堇菜，在欧洲大部分地区都可以找到它的野生植株。

香堇菜是一种短命花卉，自采摘之日起最多存活四天。但这并未让维多利亚时代的消费者感到困扰，她们知道，除了用这种娇嫩的花园植物作为胸花和花束，她们别无选择。香堇菜常在大城市以外的地区种植。例如，19世纪90年代，一名种植者带着香堇菜来到纽约莱茵贝克镇，并让该镇迅速成为该国的香堇菜之都。超过150户家庭，有些在自家后院，有些在精心搭建的温室里，种植香堇菜以供出售。因为这种花经济价值高，并且很容易栽培。（我说“很容易”，是因为这种植物耐寒，在冬天也能稳定生产，但那并不意味着它们易于采收。每朵花都必须小心翼翼地从植株上摘下，工人经常要趴在地上，仅靠木板的支撑进行采摘。）

从19世纪90年代后期开始，直到第一次世界大战，莱茵贝克每年生产多达3500万枝花，其中大部分通过铁路送到曼哈顿和其他一些大城市，在那里它们是人们去歌剧院或戏院时的时髦佩花。当时，一束用丝带紧紧包裹着茎部的香堇菜售价不超过一美元。有时花束里也会加几朵栀子花、香豌豆花或者铃兰，这就构成了胸花的绝佳搭配。

鲜花是有点奢侈，又有点神秘的令人欣喜的事物。1877年1月，纽约时报一篇很吸引人的报道这样描述花卉贸易：

> 香堇菜开始上市了，虽然量还不够大，但却日渐增多。眼下它们的

售价为一美分。顺便说一下，很多女士开始沉迷于咀嚼香堇菜花瓣。这能让口气清香，与那些从法国进口的每磅售价 16 美元的蜜饯相比，这种一美分一枝的植物口香糖真是物美价廉。有趣的是，很多美女还热衷于在紧身内衣里塞入一束束新鲜香堇菜，声称压碎的花会散发出市面上任何瓶装香水都无法比拟的美妙香味。花商们对这种时尚自然举双手赞同。

香堇菜本身长着精致、美丽的花型，但它们的吸引力几乎完全源于气味。为皇家园艺学会杂志《花园》(*Garden*) 撰稿的马克·格里菲思 (Mark Griffiths)，引用了 19 世纪末英国报纸的一篇文章，其中写道：当香堇菜通过铁路到达各大城市时，"香味溜出铁路行包房，直扑惊讶的路人"，城市中"许多城里的上班族每天早上都在扣眼里别着一束新鲜香堇菜走进办公室"。任何曾在扣眼里佩戴香堇菜的人都了解，这种小花会和鼻子开玩笑。构成其香味的香精油包含一种叫作紫罗兰酮的化合物，能够干扰鼻子中的气味受体，让人在闻了几下后便不能觉察出芳香。鼻子对这种香味产生了嗅觉疲劳，暂时无法感知到花香。香堇菜那稍纵即逝的芳香使其与青春和纯真紧密相连，阿兰·科尔宾 (Alain Corbin) 在其著作《污秽与芳香》(*The Foul and the Fragrant*) 中写道：对年轻女孩而言，香堇菜"是红颜知己，像钢琴一样，是情窦初开时焦躁叹息的倾听者"。

来到西海岸的意大利移民从所有这些焦躁叹息中看到了商机。唐·加里波第的祖父多米尼克是首批加州香堇菜种植者之一。1892 年，他胳膊下夹着一盒香堇菜从热那亚来到旧金山。当时，如果旧金山人想要这种芬芳的小花，只能通过铁路从莱茵贝克和其他东部地区的农民那里获得。考虑到这种花短暂的寿命及可观的运输成本，加里波第认为应该在旧金山建一个出售新鲜香堇菜的市场。他很快发现了另一个优势：加州北部冬天的气候很适合在户外种植香堇菜，无需建造温室保护花朵免受冬季降雪的袭扰。

他找到了一份在游乐场种植蔬菜的工作。这是个老式游乐园，曾经伫立在旧金山的海洋沙滩上。唐是个相貌堂堂、满头银发、体格强健，有一双明亮蓝眼睛的人，他告诉我："祖父的老板说：'你可以用这片地种植香堇菜，但必须要照顾好我的作物，因为这是我带你来这里的原因。'" 1900 年，多米尼克搬到旧金山南部的科尔马。"如果你回到热那亚，" 唐说，"会发现它看起来就像科尔马，有同种类型的土壤。很多热那亚人在此终老。" 科尔马的香堇菜种植者大获成功，不久以后，他们在冬季用船把花运往东部。冷藏车让全国的花卉和农产品运输变得更容易。到 20 世纪早期，加州已成为切花产业的主导区域，其温和的气候使种植者能够满足反季节花卉的要求。

多米尼克·加里波第作为香堇菜种植者深谙此道，但事情并非总是一帆风顺。他从加州房地产诡谲多变的特性那里学到了第一个教训。1906 年，他在科尔马盖了一座房子，完工仅两个月后，地震就摧毁了旧金山。"但他并未气馁，" 唐告诉我，"坚持建造温室，种植铁线蕨和蔬菜，当然还有香堇菜。那个时候，大概有 40 或 50 户家庭曾尝试种植香堇菜，但就我所知，迄今我们是唯一还在种植的。"

唐继续种植由他祖父从意大利带来的那种香堇菜。与其他大多数花商的花不同的是，他们从未进行过改良，没有利用转基因技术或诱导使花长得更高或寿命更长，也没有给它们添加香味。

现在他还种植其他花卉，如鸢尾、飞燕草和蓍草等。“我们每年都挖出爷爷传下来的花，将其分开并再次种植。”唐说，“我记得他曾告诉我们：‘不要停止种植香堇菜，我到地下也要带着它们。’所以我对儿女们说：‘你们可以选择退出这行，但只要你还在从事这个职业，就不要停止种植香堇菜。’”

如今香堇菜成为畅销的招牌花卉。在办公室，他向我展示了一些杂志文章，在里面这些花被用于编制甜蜜的情人节心形花环，放入小玻璃瓶在会议或宴会上用来摆放座位牌，并在婚礼上充当胸花或头花。我在旧金山联合广场附近的花摊上看到有成束的这种香堇菜在出售，其短暂、稀有、令人难以忘怀的特性让游客们尽情沉迷其中。花几美元就能买一束，然后带着它四处游荡，直到晚餐时间。为什么不呢？现在是假期。如果你想拥有能使你远离每天生活烦扰与喧嚣的体验，香堇菜就堪当此任。

这些花之所以如此特别，是因为它们种植于家庭农场，经过悉心照料，在距农场一百英里[1]以外的地方就变得很少见。在20世纪到来之前，大部分花卉种植者都像唐·加里波第那样辛勤经营。他们在地里种花，然后用卡车运往附近的市场，选择几个在当地气候下能良好生长的品种建立业务，尽量保证全年都有进项。

1 —— 1英里 =1.609,344 公里。

早期美国花卉种植最引人注目的一项记录来自迈克尔·小弗洛伊（Michael Floy Jr.）。19世纪30年代，他留下了四年的日记，记录了他作为花商帮父亲打理生意的生活。当时的花商指既种花也卖花的人。（早在1782年，詹姆斯·巴克莱的《综合通用英语词典》（*Complete and Universal English Dictionary*）将花商定义为“对花卉名称、性质和种植充满兴趣并深谙此道的人”。）弗洛伊在曼哈顿岛第四和第五大道之间第125至127街的开阔土地上种植花卉。这本日记始于他25岁时，当时他对阅读和书籍收藏，而非种花更感兴趣。在做完了一天的文书工作后，他写道：“赚了不少钱。虽然是父子店，但钱都由父亲携带、收集和保管。不过钱对我没好处。除非父亲说：‘迈克，你这么喜欢书，如果你想给自己和弟弟买些书的话，可以拿着这些钱。’这听起来会好一些。”但即便家族企业对他而言是个负担，他还是为鲜花的魅力所倾倒。山茶花盛开时，他写道：“我非常迷恋它。它白得像雪，花瓣排列得如此美妙，一切艺术都难以模仿……（花瓣的）边缘好像情人的心，仿若由一位姑娘的纤纤素手精心裁出。”

和当时大多数花商一样，弗洛伊种植鲜花，并至少将其中一些直接卖给民众。事实上，当时常有抱怨称，妇女不得不拖着长裙，踏着泥泞来温室买花。在纽约等较大的城市，也有一些商店出售当地种植的花卉、种子和园林植物，还有花篮、花盆，以及一些像鸟笼或碗装金鱼等新鲜玩意。曼哈顿早已因在花上铺张浪费而闻名。弗洛伊记述了一个山茶花生意兴隆的人，声称“一个（愚蠢的）女人戴着一束价值50美元的花束”。（相比之下，那年他父亲花62美元买了一匹马。）虽然零售花店在大城市中越来越常见，但直到20世纪初，大多数种植者仍向公众直销花卉，消费者从种植者那里买花是习以为常的事。

查尔斯·巴纳德（Charles Barnard）是19世纪末的作家，他在《我的十杆农场，及我是如何成为花商的》（*My Ten-Rod Farm; or, How I Became a Florist*）一书中，详细描绘了花卉种植者的生活景象。这本书虚构了一位名叫玛丽亚·吉尔曼的寡妇的回忆录，她在丈夫去世后投身花卉种植。虽然是本小说，却全面展现了当时花卉产业内部的运作方式。新近丧偶的玛丽亚对园艺一无所知，当邻居问能否从她已故丈夫的花园里买些花时，没有任何经济来源的玛丽亚同意了。她惊讶于这个女人愿意为此支付的费用。一篮子木犀草（一种又高又尖的非洲花卉，现在的花店里已不流行）、天竺葵和其他花卉总共卖了五美元。她鼓起勇气，带了一箱花进城。一个零售花商付给她几美元，足以购买所需的食物。每天她都多采摘一些花，并开始出售玫瑰、天芥菜、百合、香堇菜和康乃馨。一路上她遇到了一些人——可能是巴纳德的虚拟化身，给了她一些关于商业投资的友好建议。“我一直认为，女人可以像男人一样成为花商。”一个种植者同行告诉她，“毫无疑问，你很快就能学会……我能冒昧地告诉你该先做什么吗？”

当玛丽亚的妹妹发现姐姐打算靠种植和销售鲜花养家时，不由激动地大嚷：“卖花！太可怕了！我真替你感到害臊，玛丽亚。”但玛丽亚的一位花商朋友为其辩解道：“是吗，女士？有些人倒觉得这是一个体面的职业。”玛丽亚学着记账，雇人帮忙干重活，种植城市花店里最走俏的花卉。

巴纳德并不是想说寡妇也可以在花卉产业中立足，他详尽描述了19世纪末如何种植花卉出售。花店从私人住家或商行购买鲜花，前者的住家一般都有个大花园，里面种的花已经超出了业主的使用需要；后者的商行则完全以鲜花种植为业。由于花店几乎完全依赖当地种植者，他们试图通过囤积更想要的花卉种子和种球，从而影响花卉供应。夜来香、茉莉花和木犀草因其香味而畅销，每枝能卖几美分。当天气转凉花卉品种变少，价格也随之上涨时，一打玫瑰可以赚一美元，一枝天芥菜可以赚 25 美分。（令人惊讶的是，一个多世纪以来，花卉价格变动极小。这个行业的经验法则是，种植者获得消费者买花费用的十分之一，因此如果种植者从一打玫瑰身上可以挣一美元，就意味着一束玫瑰的售价可能是 10 或 12 美元。事实上，高档玫瑰在 19 世纪末卖到了每枝一美元的价格，跟现在杂货店里的玫瑰价格相同。虽然花商的玫瑰通常要价较高，而杂货店里的经常会打折，但普通玫瑰之间相似的价格仍令人惊讶。）

冬天，有温室的花商可以通过在玻璃大棚下种植杜鹃花、石楠花、落新妇和倒挂金钟赚钱。当时的温室还比较简陋。可以打开窗户或生个炭火炉来控制温度。比较心灵手巧的种植者还装配了连接雨水槽的橡胶软管来浇花，这样就无需拖着喷壶在温室里走来走去。但即使有温室，也无法向市场稳定供应植物，收获总是时有时无。植物科学还没有进化到可以解释植物病害的起源，也解不开日长和温度如何影响开花的谜团，所以种植者仍然受到虫害和天气的摆布。采摘后的花朵没有冷藏保鲜，它们还必须搭乘马车或有轨电车踏上从农场到商店的艰苦旅程。花商不得不在大城市或近郊种植花卉，因为香橙花、香豌豆花或香堇菜无法忍受长途旅行。直到 19 世纪后期，当横贯大陆的铁路成为可行的运输工具时，种植者甚至开始考虑花卉是否适宜远途货运。

在此之前，即使最完美的花也要现采现用，否则会稍纵即逝。

在某种程度上，唐·加里波第仍然活在当时的世界。他不在玻璃大棚下种植花卉，因此要靠天吃饭。他和家人住在农场里，跟员工们在一起，他还投入大量时间和他们一起工作。他出售自己挚爱的华丽的传统花卉。

圣诞节第二天，我与唐走进他的田里。占地 150 英亩的土地上，他只种植了一亩半香堇菜，每年能收获约 15,000 束花，每束里面有 25 或 35 朵花，茎上还裹着十几片叶子。这些花于 11 月开始绽放，一直持续到复活节，这让它们成为优良的冬季作物。到五月花期结束，就要把植株分割成几小株，并开始栽种夏季开花的一年生植物了。

我和唐站在雨中，眺望着这片土地。天太冷了，基本闻不到香堇菜的香味，但我们都弯下腰凝视着它们。这种花生长在松软的土堆里，我已经可以看到稚嫩的分枝从主茎边缘冒出，随后可以把它们分离下来，等来年五月再次种植。唐俯下身去，轻轻拽着花茎，捧着花照了张相。在这样一个灰暗的日子里，这株潮湿、皱巴巴的香堇菜看上去是我见过的最亮眼的东西。

唐·加里波第的故事背后是更大的新品种和新技术先驱者移民，以及全国花卉产业转移的背景。花卉种植起源于东海岸，但随着 19 世纪末期铁路的发展，显然为西部带来了大量机会。20 世纪初，康乃馨产业在丹佛周边落户，当地的高海拔提供了花卉生长所需的强烈阳光，与东部相比，这里的花卉产量增加了三分之一。采蕨人遍布全国，他们向密歇根和威斯康星的土地所有者支付费用，以取得在其土地上进行采

绣球菊

这种出现在东方绘画中的绣球菊，曾经被欧洲人认为是中国画师想象的花卉。如今的菊花，已经不仅仅是当年盆栽的『贵妇』，它生长迅速，变化非凡的特点使其成为极其重要的切花之一。

摘的许可。俄勒冈和华盛顿是主要的球根花卉种植区，尽管将首批植物种球运到该地区的荷兰人曾对在这里开展种植疑虑重重。（有人曾写道，他严重怀疑“从小就不熟悉该行业”的人是否有能力建成新的球根花卉种植区。）如今，华盛顿州的球根花卉田吸引了来自世界各地的游客，前来参观在史考基肥沃土地上种植的大片荷兰式郁金香。发现球根花卉在太平洋西北地区也能像在荷兰一样生长，意味着在无法获得来自荷兰的新鲜花卉时，可以在西海岸种植百合、郁金香、水仙等球根花卉，再批量运往全国各地。

但是，加州比其他州吸引了更多的花卉种植者。日本移民于19世纪末来到旧金山，原想继续从事他们在本国的职业，如工程和教学，但却受到诸多歧视，从而迫使他们转而投身农业。一些日本商人发现与东海岸的价格比，旧金山的切花价格更高，并由此发现了机会。他们开创了许多现在仍被视为行业标准的栽培技术，包括业界称道的绣球菊栽培方法。绣球菊是种一茎多花的菊科植物，与经过剪枝长出一朵大花的常规菊花完全不同。许多日本家庭在旧金山东湾的里士满附近定居，那里最出名的就是他们的菊花和玫瑰。著名种植家堂本海斗（Kanetaro Domoto）在奥克兰建了一个苗圃，销售200多种菊花和50多种玫瑰。

像多米尼克·加里波第这样的意大利移民，从香堇菜、金鱼草、雏菊等大田种植切花中看到了机会。多米尼克和其他许多意大利移民都定居在旧金山南部沿岸。半岛上的中国种植者则青睐紫菀、甜豌豆花和多头康乃馨。南加州也出现了类似的发展趋势，日本、中国和韩国移民在洛杉矶和圣迭戈种植切花谋生。不久，各群体逐渐形成了自己的市场，并开始从事鲜花贸易。

切花市场最初起源于非正式的集会，便于种植者带来货物交易。（在旧金山市中心的罗塔喷泉周围兴起了一个市场，这样种植者可以方便地取水。这个喷泉现在仍伫立在卡尼街和市场街交会处。）人们很快意识到，不同群体必须相互合作，共同经营。1923 年意大利移民种植者成立了自己的花卉行业组织——旧金山花卉种植者协会（San Francisco Flower Growers Association）。起初，日本和中国的种植者都不愿与他们联手，每个群体都希望自治。但 1913 年的加州《外国人土地法》（*Alien Land Law*）规定，“没有资格获得公民身份的外国人”（指亚裔移民）拥有土地违法。每隔几年，限制条例就会变得更强硬，让国家更容易敛财。虽然意大利移民面临很多不利条件，但他们仍会通过意大利银行，即后来的美国银行，获取更多资本。他们在房地产交易和法律诉讼中也比亚裔移民面临较少的困难。最终，日本和中国种植者不得不承认，与意大利种植者的合作可以为他们提供保护和安定。

20 世纪 20 年代，半岛花卉种植者协会（Peninsula Flower Growers Association）里的中国种植者，和成立了加州花卉种植者协会（California Flower Growers Association）的日本种植者，与意大利人一起进驻位于第五大道和霍华德大街的加州花卉市场（California Flower Marke）。市场占地 22,000 平方英尺 [1]，但每个机构在同一屋檐下独立运作。多年来他们一直在改变。先是几年前引入了竞标体系，随后又将其

1 —— 1 平方英尺 =0.092,903,04 平方米。

废止，转而允许种植者自己定价。当旧市场无法容纳所有种植者时，花市进行了搬迁。

亚洲种植者被迫在其商业运作中进行创新，许多人将土地所有权转让给他们出生于美国的子女，或者是创办家族企业，只允许美国公民持有股票。《外国人土地法》让花卉市场危机重重，随着美国与日本的战争迫在眉睫，日本董事会成员将其所有的股票都转让给了在美国出生的第二代日裔美国人。尽管联邦调查局的特工人员控制了几天花市，但当他们检查记录，发现这是由美国公民拥有时，便将其物归原主了。

但在1942年，日本种植者对保护自己的土地无计可施，他们被迫离开家园。二战期间对日本家庭的扣押给不少家庭和整个行业带来了毁灭性的打击。有些人可以把土地和温室托付给员工或值得信赖的同事，希望他们能保持运营，并缴纳土地税款，但其他一些人不得不彻底放弃生意。比尔·酒井（Bill Sakai）的祖父自1927年开始在里士满种植玫瑰，他记得战争对家里生意的伤害，当时主要是由比尔的父亲和兄弟在经营。“我们把生意托付给一些德国员工。”他告诉我，声音中毫无挖苦之意，“很幸运，我们有人可以信赖，这样当我们回来时，还能有个苗圃。”

损失最大的是租赁土地的家庭，他们无法返回原地。还有投入大量资源创造新杂交品种的种植者，最后也不得不放弃它们。战争期间日本种植花卉的匮乏不容忽视：1942年，一些为日本种植者所熟知的著名菊花品种从市场上消失了。当家家户户返回农场时，他们比以往任何时候都更依赖出生于美国的孩子，让他们的业务回到正轨。不久之后，日本种植者再次对那个囚禁了他们的国家萌生出不尽的热爱与忠诚。

对于加州的第三代种植者而言，那些日子已成为遥远的记忆。国外进口作物的影响不容忽视，除非你所种植的作物在其他国家没人知道如何大批量生产。如果唐·加里波第种植玫瑰或康乃馨，他将毫无竞争力。但只要有人需要香堇菜或其他大田作物，他便能维持下去。

唐开着他的旧卡车带我参观种植场。由于担心车轮陷入淤泥，我们不能走太远。他靠在方向盘上，透过雨迹斑驳的挡风玻璃指点着每块土地。每年这个时候，大多数地里会种上覆盖作物，这是种廉价且屡试不爽的方法，能够保护农田免遭侵蚀，冬季还能为土壤提供氮肥。“我们种植野豌豆、燕麦和大麦，它们能长到 5 至 6 英尺高，”他告诉我，“把它们放倒时，很多好东西就会回归土地。蚯蚓？看看这儿的蚯蚓，说明这里土地很肥沃。”

唐把车停在一座小山上，向外俯视延伸至海的土地。硅谷距此有一小时的车程，很多人甘愿忍受往返颠簸，只为赏此美景。他肯定察觉到了我的所思所想，对我说：“你知道，周边的土地价格不菲，人人都想在这里建房，但是……”他摇了摇头，好像要甩掉这种想法。

“这边是飞燕草。”他接着说，“下面是颠茄和香堇菜。那边是我们的球根花卉——黄水仙、鸢尾、白水仙。再往下种了些绣球花，夏天你就能看到它们五颜六色的花。”

我想起迈克尔·弗洛伊，以及他对山茶花的迷恋，哪怕他整日被山茶环抱。一大片怒放的鲜花带来的冲击让你难以忘怀。

"你知道，"驾车返回办公室时，加里波第说，"人们来到这里，当我递给他们一束鲜花时，他们的反应都极其强烈。送人威士忌和糖果都不错，但鲜花却是与众不同的。"

第四节　温室花房

我第一次去太阳谷花卉农场时，正值他们的7月开放日庆典。我对这个城郊的大农场一无所知，如果要预先描绘一下农场景色的话，我脑中显现的是唐·加里波第种植场的景象：一片金黄的向日葵齐齐地朝向太阳，一片片亮蓝色飞燕草，一亩亩令人愉悦的粉色和红色波斯菊，也许农场旁边还有个谷仓，用来储藏剪刀和水桶。我知道这有点傻，但这正是我脑海中的农场形象。

太阳谷根本不是这样。驶入他们的停车场，刚开始你会搞不清这家公司生产的到底是鲜花、电视还是鞋？只有最后当越过货运码头和仓库望向远方时，才能看到远处有一座座温室，再往外是一片开阔的旷野。但首先映入眼帘的是一个尘土飞扬的停车场，还有门口的警卫，以及一些普普通通的生产设备。你不知道自己身在何处。但当你走过一个个温室，看到里面数十万或含苞待放，或热情盛开的百合和郁金香时，才会逐渐意识到，这是一家年输出上亿枝花的公司。

我平生第一次把花看作工厂生产的商品，虽然它们早已商业化了。这是个规模巨大的产业。对于那些买来愉悦自己或恭祝朋友喜得贵子的花，我可以装作它们是独特而脆弱的，是长在自然或花园里的植物生命体。但不可否认的是，每朵花都代表了一份利润。要怎样决定花的用途和寓意都是我自己的事。但当它长在温室里，它就变成一种不折不扣的产品。

太阳谷是全国最大的切花生产商。该公司拥有400万平方英尺的生产用地（种植者喜欢用占地面积大小来评判公司规模，如此就不会泄露产量或销售额等公司机密），而国内尾随其后的第二大花卉种植商只有150万平方英尺的生产用地。即便是与其他提供花坛植物、市内绿植、种苗等花卉苗圃产品的温室种植商相比，太阳谷依然位列前十。国内约12%的切花来自其位于加州南部和北部的四个农场之一。太阳谷尽管规模庞大，但却行事低调。我住在一个小镇，那里的人们互相都认识，但我敢打赌，要是找十几个人让他们说出国内最大的切花生产商的名字，根本没人会提到太阳谷。它每年都会举办一次农场观光活动，包括1场插花比赛，乘坐干草车巡游农场，以及为孩子们准备的蹦床玩具。

切花种植者在美国越来越少见。过去十年里，一些年销售额超过十万美元的大型种植商已经减少了近一半。美国的花卉生产总量其实有所增加，但却跟不上进口的增长水平，如今进口花卉已占到全国花卉采购量的80%。有些花在国内几乎不再种植。1995年时美国还有上百家康乃馨种植商，到2005年就剩下区区24家，产量不过900万株，与外国种植商将近六亿株的供货量比，实在微不足道。过去十年间玫瑰产量锐减了72%，目前仅剩59家大型玫瑰种植商，产量在美国玫瑰销售总量中占比不到10%。加州在国内切花市场占据主导地位，全国约68%的花卉都在这里生产。因球根花卉农场而闻名的华盛顿位居第二，全国不到5%的花卉来自于这里。太阳谷是为数不多得以幸存的公司之一，甚至在如此环境下还能发展壮大。考虑到其多舛命运，要走到这步着实不容易。太阳谷总裁兼首席执行官莱恩·德弗里斯当时年方23岁，他在一本荷兰园艺贸易杂志上看到一则招募百合种植者的广告。莱恩一直为父亲工作，他是第四代荷兰花卉种植者，但彼时他们正被迫离开农场，另寻土地安顿。此时新的工作机会出现了。“我以前没怎么接触过百合，”莱恩告诉我，“我们主要经营郁金香。但当时正好有机会去美国尝试新事务，要从事讲英语的工作。我就想，为什么不去闯闯呢？”

这则招募广告是俄勒冈商人乔治·休伯莱恩（George Heublein）发布的。他到荷兰来面试莱恩。据说休伯莱恩是个油滑的家伙。他穿戴时髦，衣冠楚楚，发型完美，是个妇女杀手、花花公子。“这是我见过的第一个美国人。”莱恩告诉我，“是乔治·休伯莱恩把我带到美国的。油滑？这家伙简直魅力四射，令人着迷。我就这样来了。一个刚离开自家农场的孩子，什么都不懂。”

莱恩接受了这份工作，去了俄勒冈州。休伯莱恩的梅尔里奇公司在那里收购了俄勒冈球根花卉农场（Oregon Bulb Farms）。莱恩被派去启动一个百合促成项目。“我到那儿刚一个月，”莱恩说，“就听到人们谈论太阳谷。它位于加州，种植黄水仙、鸢尾和百合。”

莱恩将一些数据放在一起，比较俄勒冈威拉米特河谷与太阳谷在阿克塔的方位。他研究着两个地区的气温、降水量、日照长度和光强度，然后告诉休伯莱恩，“这就是要在阿克塔，而不是俄勒冈种植百合的所有优势。在加州建温室比在这里更有意义。”休伯莱恩喜欢这主意。几个月后，莱恩就乘飞机前往阿克塔。

“我们一共去了三个人。”他告诉我，“我们原以为是去实地考察一下，你知道，然后写份调研报告带回去给老板。我们并不知道休伯莱恩已经与特德·基尔希商讨过合作事宜，我们去那里其实是为了让特德从我们中间选一个人经营农场。”

当时大约是1983年，基尔希已经结束了与莱斯利·伍德利夫的关系，并准备退休。当休伯莱恩致电给他时，基尔希表示挺感兴趣，但又有点不放心。两人在电话里谈过几次，最终基尔希同意让休伯莱恩派员工过来看看。

莱恩和两个同事在镇上待了三天。每天晚上，三个人轮流应邀与基尔希家人共进晚餐。“我们不知道为何只能单独前往，”莱恩对我说，“为什么大家不能一同赴宴？”他并未意识到，晚餐其实就是面试，最后莱恩得到了这份工作。

基尔希把太阳谷卖给了休伯莱恩，作为梅尔里奇公司的子公司，然后由莱恩经营农场多年。那段时间，根据会计师对休伯莱恩所购农场的估值，梅尔里奇公司的股票和债券市值一度超过4000万美元。镇上一些种植者记得当时梅尔里奇公司的会计师到镇上来为太阳谷估价。“他们站在地头，试图给地里的每个种球估价。”一个种植者告诉我，“收获季后，那些鳞茎球会被拿来堆肥，只有花才值钱。”

“他们对我们的行业一无所知。”最终计划泡汤，公司申请破产，股东起诉并胜诉，休伯莱恩被指控欺诈，后来在逃亡中被捕，并于1997年被判处5年徒刑。

在梅尔里奇事件中，太阳谷并未受到太大影响。20世纪80年代后期，梅尔里奇公司破产后，一家风险投资公司收购了太阳谷和休伯莱恩部分资产。这应该是个好消息，但莱恩认为那些年是公司有史以来最黑暗的时刻。“那段时间，差不多有两年吧，绝对是地狱。”他说，“虽然我们是仅有的几家仍在赢利的分公司之一，但却陷入了巨大漩涡——这家庞大的企业需要偿还天价债务。最后，他们也申请了破产。”太阳谷作为家族企业在默默赢利了数十年后，短短三年内竟然经历了两次破产程序。

莱恩记得当时曾试图说服银行律师，让他有足够的钱发给员工。公司落到这步境地时他只有 30 岁，还有几十名员工靠他吃饭。“他们冻结了我们所有账目，”莱恩告诉我，“当时是二月初，情人节前夕。我不断跟他们说，你们不能这么做，我们必须善待员工。要是不给工人发工资，我们就无法及时收割鲜花，那时可就真的有大麻烦了。最后我告诉他们，‘要知道，你们在波特兰市中心 20 层高的舒适办公室中养尊处优，觉得不给工人发工资没啥大不了。但他们是无辜的。到四点钟，就会有上百人追问薪水的下落。到今天结束时，如果工人还没领到薪水，我不敢保证你们的资产会发生什么事。你们在这儿拥有的是 40 万平方英尺的玻璃。明白吗？这些都是玻璃温室。我不能保证，到今天结束时这些温室上还会不会有玻璃。’”

沉默许久后，律师同意拨出一笔钱，当晚莱恩就给大伙儿发了工资支票。“当时，银行在周六早上仍然营业。”莱恩说，“因此，我们给整个农场放了一段时间假，让他们赶去兑现工资。然后我把工人召集到一起，告诉他们，公司正处于最动荡的时期。我告诉他们，我甚至不知道大家下周是否还能待在这里。只有时间能证明一切。”

他与两位杰出的荷兰球根花卉种植者达成协议，联合购买公司资产，使其免遭破产。莱恩与员工一起，慢慢让公司摆脱了财务危机。如今，太阳谷已发展成规模庞大、经营多样的大企业，在加州有四个农场和数百名员工，每月装货发出的花卉多达数百万。但它仍由相同的基本元素组成：花、人、土地和温室。莱恩对其也一如既往的忠心耿耿。

当太阳谷几经易手，起起落落时，花卉产业正在经历技术革命。莱恩向我描述了自己如何钻研气候数据，以便挑选最佳的百合种植场所。他对这件事轻描淡写，好像这是稍有常识的人都应知晓的。但事实上，将百合的种植需求同温度、降水、光照强度数据挂钩是该产业的巨大进步，这远比听起来要复杂得多。20世纪，当唐·加里波第在田间照料香堇菜，莱斯利·伍德利夫在百合上播撒花粉时，植物科学发生了巨大飞跃，这促使年轻的荷兰小伙儿来到俄勒冈，收集天气数据，遴选最佳的百合种植地，并最终选定在加州开拓事业。得益于越来越先进的航空货运系统，像莱恩及其老板这样的人能够借此在世界各地搜索廉价可靠的鲜花种植地，而不必囿于附近是否有花市的限制。

着实令人惊讶的是，种植者仰仗的各种信息与技术在19世纪层出不穷。基因以及显性和隐性性状的概念直到20世纪初才被完全解密。育种者也慢慢摸索出如何通过育种解决种植者面临的诸多问题，如抵抗病虫害，适应各种生长条件的能力，并特别赋予“星象家”之类的花更易收获、包装和运输的特性。而种植者本身也是创新者，他们引进新技术，种植出更高、更直、能反季开放、叶片斑点较少、花瓣没有瑕疵的花。

康乃馨和菊花曾是两种最流行的切花，它们极为常见。这未必是因为大众对这两种花情有独钟，而是因为种植者找到了一年四季种植它们的办法。花商只要每周都能获得稳定供应，就会设法把它们用于各类花卉用品，从情人节花束一直到餐桌摆饰。而1920年光周期的发现则为此带来了重大改变。

美国农业部（USDA）的两位科学家怀特曼·威尔斯·加纳（Wightman Wells Garner）和亨利·阿拉德（Henry Allard），正尝试让一种冬季开花的烟草与另一种夏季开花的烟草进行异花受粉，但他们却不知如何让这两种植物同时开花，以便采集花粉进行实验。他们在夏天把两种植物带进温室，并试图在不同温度下进行栽培，希望能模拟冬天或夏天的生长环境，使两种花同时开放，但没有成功。最后，他们开始猜想植物开花是否与日照时间有关。通过缩短日照时间让植物开花似乎不合乎逻辑，但这却模拟了冬天的情况，因此似乎值得一试。果然，当他们在冬季开花的烟草外面撑起帐篷，模拟每天8小时光照时，植物开花了。他们把这个发现称作“光周期”。随着时间推移，他们的研究促成了一个广泛使用的分类系统形成，将植物分为短日照、长日照和日中性品种。菊花等属于短日照植物，在日照长度少于约13个小时时开花。满天星等长日照植物，在日照长度超过14个小时时开花。而向日葵、紫菀之类的日中性植物，其开花不太受日照长度的影响。

继加纳和阿拉德之后，科学家又有另一个惊人发现：实际上，开花受昼长的影响还不及受夜长的影响大。换句话说，其实是黑暗周期对开花进行调控。通过人为制造20或30小时的“一天”，与标准24小时一天相对比的实验证实了这一点。如果植物需要16小时的光照，在正常情况下一天会有8小时的黑暗，但如果它得到的是16小时的光照和4小时的黑暗，就根本不会开花。因此，无论提供多长时间光照，植物都不会开花，除非其对黑暗的需求得到满足。

尽管有这一发现，种植者仍以“昼长”为参考，主要是因为昼长谈论起来比夜长更方便。但对黑暗的重要性的认识确实给种植者提供了一个有用工具。他们一旦明白了夜间对花的形成至关重要，就会发现，夏季当菊花开花太快，无法满足秋季假日订单需求时，可以暂时遮盖温室。每天用黑布遮盖玻璃几个小时，足以延缓其花期。冬天，当种植者需要使长日照花朵感到昼长夜短时，就会在温室中安上灯，夜间每小时打开 5 到 10 分钟照明，以干扰植物的睡眠。短暂中断的黑暗足以欺骗植物，让它们感到正身处适合开花的短夜环境。

光周期现象的发现，为其他诸多关于植物开花的研究发现铺平了道路。种植者已经知道，有些花，如郁金香，需要在寒冷冬日才能绽放。但对这种低温春化处理植物过程的理解，人们直到科学家在温室中开始进行精确控制的研究后，才得以完善。到 20 世纪 50 年代中期，种植者们开始编制列表，记录各类花卉及其对寒冷的具体需求。荷兰人将之发展成为一门学科，设计出精密的自动温度控制，可以在恰当的时候诱导植物开花。

另一个重大发现发生在 20 世纪 80 年代中期，一位叫约翰·欧文（John Erwin）的大学研究人员在各种日间和夜间温度下种植百合，研究什么样的组合会先诱导开花。一旦这些百合开花后，欧文会把它们放在一起为其拍照。当把植物排列起来后，欧文发现，经历相同昼夜温差的植物开花时高度相同。换句话说，植物生长环境的具体温度并不重要，而是昼夜温差影响了株高和其他一些元素。这一研究结果被称为“昼夜温差”，用日间温度和夜间温度的差值来表示。昼夜温差包括“正差”和“负差”，当昼温高于夜温时温差为正，昼温低于夜温时温差为负。负差环境的优点是植物开花时株形矮小，这对小型花束和盆栽植物较为理想（想象一下长着三朵大花的小型盆栽绣球花，就是让植株矮化的结果）。甚至叶片也会受影响：在负差环境下种植的复活节百合叶片会朝上生长，而零差环境会使其叶片挺得笔直。叶子成熟后，就会保持固定的角度，然后种植者可以在不影响叶片方向的情况下，通过改变昼夜温差诱导植物开花。知道了这些，种植者就可以一年到头供应完全相同的花。正如一个百合种植者所说："消费者不会关心复活节百合开花时间的早晚，他们只想让花年年看起来都一样。"

所有这些新技术的问题在于，对种植者而言，通过摆弄光照和温度得到消费者想要的花并不总是划算的。人工照明、供暖和冷却系统给种植经营增加了庞大而不可预测的开支。毕竟，当消费者开始期待每个复活节都能见到某种特定的鲜花时，他们不可能接受诸如因燃气价格上涨、种植者无法保证鲜花生长所需温度，从而造成花株矮小的解释。但既然种植者有更多的交通工具可选，他们开始寻找更符合植物光照和温度要求的种植地点。这就是为什么 20 世纪早期康乃馨逐渐在丹佛盛行，赤道地区开始大片繁殖玫瑰，而洪堡县慢慢变成了百合之乡的原因。

莱恩对气候数据的分析表明，像阿克塔这样夏季凉爽多雾、冬季气候温和的地方，适合全年生产百合。随着球根花卉种植区的推行，它足以与荷兰相媲美。来自世界各地的球根花卉也很享受此地完美的气候。百合种球由莱恩的荷兰业务伙伴提供。郁金香则来自欧洲、南美、太平洋西北地区和新西兰。甚至非洲菊、飞燕草和紫菀也不是土生土长，而是根据农场种植时间安排由外地运来大批籽苗培育而成。像非洲菊这样的植物会被尽量延长生产年限。在太阳谷的奥克斯纳德农场，我看到了开花超过五年的非洲菊。但球根花卉只能种一季，开一次花。随着鳞茎球生产力下降，继续年复一年地精心养植对太阳谷而言并不划算。因此当植物开过一次花后，就会把剩下的球根堆肥，然后用新的种球取而代之。

郁金香或百合装在四面带通风孔的塑料箱中运到阿克塔。这些花专门用于供应切花贸易，它们注定不会生长在花园里，而要在温室里长大，由工人们细心照料、低温处理、浇水、烘干、储存和挑选。为切花产业培育种球本身就是一项专业工作，大多数切花种植者不用操心种球生产，因为它已高度专业化，最好留给专家来应对。

是什么让切花的种球与其他球根植物的种球不同？当我在花园种下一株球根花卉时，会希望它年复一年地开花，而并不特别在意其准确的开花时间，开多少朵花，或花朵的大小和颜色。但是，切花种植者却期待球根花卉能够带来一场豪华的视觉盛宴。买来的种球中必须积满蓄势待发的力量。正如一个百合育种者所言，种球应该“充满生机，能够快速生长、开花和繁殖”。它必须如期绽放，长出消费者所需数目的花苞（一家连锁杂货店可能需要每茎四花，另一家可能需要每茎六花），并且大小要合适，在温室里不多占空间，也不会浪费。换言之，不是随便一个种球都能符合要求。

每个木箱里都装满了种球，有几十个较大的百合种球和几百个较小的郁金香种球，它们将在这种环境下度过余生。一天早上，我跟着莱恩走过阿克塔的加工厂，成批的木箱运抵货运码头，然后被堆放在机械化的装配流水线上。装过种球的空箱子稍作清理后，将重新被用作种植容器。这些空箱子随着传送带来到另一端，一台机器往里面装填经过蒸汽消毒的土壤，这是太阳谷自制的由沙子、堆肥、树皮和其他配料组成的混合物。填满的箱子会运到流水线的另一端，那里有一排工人等着将架子上的种球种进去。每个箱子里种植的种球数量都是一定的，例如一百个郁金香种球，这样便于日后统计温室中花朵的数量。每箱种一百株郁金香，每一百箱排成一行，温室两边各有 50 行木箱，那么一个温室里便种有一百万株郁金香。

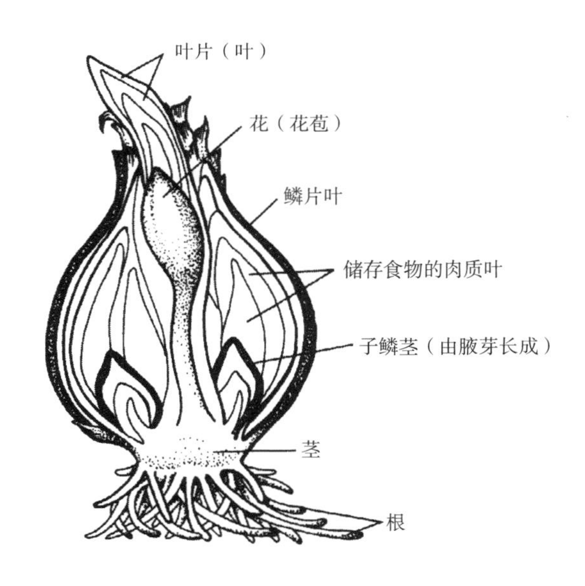

在进入温室等待开花之前，种球们需要一个寒冷的冬天。种植者关于植物对寒冷需求的知识在不断发展。现在人们都知道，像郁金香这样的植物不能过早进入寒冷期。郁金香的胚芽在种球里形成，就像长在子宫内的婴儿。寒冬到来前——不管是真正的冬天，还是在冷库中人为造出的冬天——胚胎必须包含待萌发的花瓣、初叶和雌性生殖器官——雌蕊。受孕过程完成前就进入寒冷期的种球无法正常开花。为确保胚胎已经发育好，种植者在温暖阶段会随机选取种球切开，看里面是否有已经成型的花朵萌芽。

“过去经常在秋天把郁金香种在户外，然后到冬天选个时间把它们挖出来，移植到温室。”莱恩对我说，“我小时候就常这么做。到了六七十年代，荷兰种植者开始做他们所说的阶段研究。他们发现，不能等到完整的花在种球内形成时才进行低温处理。如今，根据不同的品种，会有几周时间作为中间期，让种球保持在 65 华氏度（约 18 摄氏度）的温度，然后开始冷却处理。如果过早开始冷却，将会造成巨大损失。从此，郁金香由一种季节性很强的植物变成了可以全年销售的植物。现在，我们购买的每个郁金香品种都有中间期和冷却要求列表。”有些品种买来时已经预冷，另一些已经经历了中间期，其他的则刚刚出土，在进入温室前需要悉心照料。在太阳谷，大多数种球开花前都会在冷库里待一段时间。

把太阳谷那些规模庞大、密封良好、带人工通风的房间称为“冷库”其实有点用词不当。冷库可以设定成鲜花所需的任何温度，天寒地冻的时候，郁金香在里面要比在外面暖和。我跟着莱恩穿过仓库，走过一条又长又宽的走廊，两边满是通往冷库的门。我们查看每个房间，仿佛漏掉一个都会让我对处理流程留下不完整的印象。每当莱恩拉开沉重的金属门让我往里看时，我都觉得像在窥探一个私密的空间。每扇门的背后都是不同的气候，种着不同的花，采用不同的种植方法。参观冷库使我快速了解了各种花的私密生活——在其闪耀登场，光彩照人之前那种衣冠不整，不甚光彩的状态。

在一个冷库中，装满郁金香种球的四平方英尺的大木箱高高堆放在一起，尽可能多地塞满整个房间。房间里充斥着干燥而温暖的空气，从荷兰运来的郁金香种球在种到地里接受低温处理之前，在这里度过它们的中间期。箱子底部的通风孔可以让强大的气流同时吹过数以千计的种球，使其保持温暖，并确保种球不会发霉或腐烂。风扇的轰鸣震耳欲聋，我几乎听不见莱恩说话。"摸摸这些种球。"他说。我把手伸到一个敞开的箱子上方，果然能感到从薄薄的沙黄色种球上升起的暖风。

另一个冷库里放着新栽种的郁金香种球，它们会待在那里，直到被移进温室。这些种球躲在黑暗里，埋在装满泥土的黑色塑料箱中冬眠。在此期间，它们会扎下根，抽出叶芽，然后停止继续生长。这里的温度接近冰点。我原本可以跳过这些黑暗而寒冷的房间，但跟着种植者出来转悠，就要从一个极端温度进入另一个极端温度，并且要在他们检查作物时等在旁边。我在水泥地上跺着脚，使劲儿往毛衣里缩了缩。莱恩却浑然不觉寒冷，在每排箱子边走来走去，检查种球是否有早熟或患病的迹象。

这里完全见不到阳光，那些郁金香苍白的嫩芽黄多绿少，看起来不像它们应该有的样子。事实上，这个地方充满了停尸房的气息：冰冷的，没有人情味，缺乏人气。黑箱子堆得比我还高，中间只有狭窄的过道容人从中穿行。箱子中的郁金香看起来好似没有生命的幽灵。再过一两个月，这些郁金香就会走出冷库，绽放光彩，让温室沐浴在紫色、粉红、嫩黄和艳红的花海之中。但现在它们成批地挤在一起，颜色苍白，一动不动地待在黑暗中。

我举起相机准备拍照，但莱恩挥手阻止我，“别拍。”他说。

“为什么？”我惊讶地问。在我看来，莱恩的公司没有秘密。他从未拒绝回答任何问题，也从未拒绝我参观农场的任何地方。

“这……我也说不上来，”他支吾着，“它们看起来不够好，我就是不能忍受看到它们这个样子。咱们出去吧。”

在这些冷库中，不只是温度在变化。每个冷库都经过仔细调节，控制房间里的湿度、空气流动、光照水平，乃至氧气含量。较低的氧气含量会减缓水蒸气从植物进入空气的蒸发速度。而减缓蒸发等活动可以延长植物寿命，其目的在于让花保持旺盛的生命力，免受病害侵袭，随时含苞待放，同时也是为了让它们能够一直保持到需要的时候。这些都是为了严格执行种植计划。11月，要是问莱恩离情人节还剩几周，他马上就能说出来。种植者以周来纪年，6到7周时是情人节，18周左右是母亲节。冬季和春季节假日众多，让种植者倍感压力。他们大多会告诉你，从他们的角度看，夏季的鲜花假日应该不错，那时白天长，温度高，花卉繁多又廉价。“我们在33周左右会有一个假期，”一位种植者告诉我，“大概在8月，在忙完母亲节之后，并要赶在感恩节到来之前。”

莱恩带我去的最后一间冷库是空的，只有两个女工在用漂白剂和水擦洗墙壁。“每周一次，我们会把冷库清空，进行彻底打扫。”莱恩高兴地说，仿佛清扫的场面令他很满意，“干这一行必须严防疾病，而这是唯一的方式。”他冲两个女工点点头，用他的荷兰口音喊了一声很难听懂的“下午好”。她们冲他笑了笑，继续擦洗。

鲜花在太阳谷的温室度过短暂而养尊处优的生活。大多数情况下，它们甚至不用费心扎根于土壤中。郁金香和百合被埋进塑料箱；非洲菊惬意地生活在塑料盆中，盆里没有泥土，只有切碎的椰丝纤维，被用来作为清洁无病的介质运送水和肥料。花儿们不会受到害虫烦扰。那些虫子不是被温室通风孔上的细网挡在门外，就是被专门投放在温室中的捕食昆虫消灭，还可能被粘虫器捕获，或被杀虫剂消灭。温室里的光照堪称完美，否则就会有训练有素的工作人员带着一大堆设备来解决问题。温室里既不会太热也不会太冷，那里有风扇、加热器和热水管，可以确保温度适中。

水和养料沿着像输液导管一样的细小塑料滴管供应给花。根本无需等着鲜花去抱怨供应是否出现问题，工作人员会测量滴灌系统另一端流出的水中剩余的养料，如果某种养分残留过多，说明植物可能已经摄入太多那种养分，无法再吸收了；如果某种养分残留过少，说明植物在尽力攫取那种养分，但仍觉得不够。不管怎样，都要在植物初次表现出不良迹象之前立即调整。植物们还会被精心修饰。较小的芽被小心翼翼地剪掉，以便开出更大的花朵；遮挡光线或有点发蔫的叶子也很快被剪掉。叶子是为了支持植物生长，而不是跟花夺取养分。如果叶子不能有效地吸收阳光，并将其转化为植物所需的能量，就只能将其除掉。

这种呵护备至的种植方式也有缺点。例如，温室里的花朵没有蜜蜂相伴。它们不能受粉，因为人们不愿让它们繁衍生息，而只想它们开出巨大的花朵。即便有一两只蜜蜂能溜进来，也毫无意义，育种者往往会让花失去繁殖能力，这样做也是为了保护他们的专利。温室里的花朵无法体验雨淋在叶子上的感觉，从顶上浇水会引发疾病，而叶子上的水滴会让阳光聚焦温度升高，在叶片上形成烧焦的斑点。温室的花朵甚至没有机会在风中摆动，当然，除非是需要通风冷却温室，或是驱散乙烯之类的气体，或仅仅为了使花朵得到锻炼，让它们的茎变得强壮，以便插在花瓶中时更加挺直。在这些情况下，就会用风扇为成排的花送去人工风。

温室中的惬意时光过得飞快。郁金香会在三周内迅速生长并开花，亚洲百合需要九周，非洲菊每个月能开一到两朵花。当时机已到，每朵花将由一直照料它的人单独采摘，日复一日，长此以往。

太阳谷开始采收时，会把花从茎部切断，或直接从植株上摘下来，然后捆扎成束。几分钟后，当工人抱着一捆花走到行末时，会将它们放入一个消过毒的塑料桶，里面装满了水和防腐剂。在这里，有破损或不符合标准的花会被扔掉，虽然有点可惜，但现在扔掉要好过让其进入生产流程。毕竟，一朵花种植者可能只赚10到20美分，这个价格让他们不可能对花一直娇生惯养。此外，受损或患病的花可能会把细菌传播给其他健康的花朵。在太阳谷的温室中，我经常有丧失理智的冲动，想一头扎进装满几乎完好的花朵的巨大垃圾箱。无数价值不菲的非洲菊会被投入堆肥箱。

当成桶的鲜花装满货车后，便被推进生产车间。车间里，花儿们或被立即处理，或被放入冷库存放一两天。（有时是因为工作人员当天无法处理完所有鲜花；有时是因为采收后适当冷藏可以让花变得更好，例如，在地里完全长成的满天星会开粉色的花，而提前采摘后，在凉爽的室内开出的花将是纯白色的。）

因此，鲜花在收获当天或第二天进入生产车间，不同组的工人对花进行分级，通常是将花放在标有茎长尺寸或花朵大小的金属架上，然后按照分级结果将花放入不同的桶。这对玫瑰而言尤为重要，其价格在很大程度上取决于花朵大小和花茎长度。分级工人会把漏网的所有不合规格的花都扔掉。

非洲菊的每朵花都会用一个小塑料套套住，将花瓣拢在一起。郁金香之类的花在收获时都连着球根，在此工人会切下花茎，将球根丢掉。花茎按照消费者的要求切成一定长度，然后捆扎成束，用纸或玻璃纸裹好装入盒子。

在太阳谷，采后处理的自动化程度很高。有专门的机器和设备进行切割、剥离、捆扎和装袋。在条形码和电脑指令的帮助下，工作人员可以清楚地知道什么花到了哪个阶段。但这仍是个劳动密集型工作。有一次我在太阳谷遇见一个荷兰实习生，他告诉我，他发现按照荷兰标准，此处工人的操作相当原始。“荷兰的劳动力成本非常高，所以我们尽可能采用自动化，”他说，“而在这儿，你可以使用更多的工人和更少的机器。”但随着工人的工伤和医疗保险费用升高，还有阿克塔住房成本的增加给工资带来的压力，加州的劳动力也不再廉价。我曾问过莱恩，荷兰人是否真的在节省劳动力的设备上创新不断。“不见得。”他说，“他们一直在尝试新东西，但我不知道是否真的能节省足够的劳动力，使其物有所值。要知道，我们荷兰人喜欢跟风。一个人开始在水里种植郁金香，其他人都会跟着这么做。现在他们厌倦了水培植物，又开始在土里种植郁金香了。他们总是在创新，但我不知道这是否真的对他们有所裨益。”

尽管太阳谷的设备还做不到从一端放上一桶花，从另一端就能出来包裹好的花束，但自动化程度还是挺高。生产线上既有技术含量高的工种，也有技术含量低的工种。传送带和条形码让人印象深刻，但随即是一群戴着手套、穿着围裙的工人，站在湿漉漉的水泥地上，上面堆满了撕掉的叶子和枯萎的花瓣。无论加工过程变得多么娴熟和自动化，采后处理车间总是有些狼藉，混杂着一点绿色和泥土味儿。

在此阶段，花不能沾水，直到送进花店或批发市场后，鲜花才会被再度放入水里养植。装花的箱子放在货物托盘上运回冷库，通过将花保存在寒冷和黑暗中，以使花苞不绽开，叶子不呼吸，并尽可能地延长花的寿命。到第二天早晨，这些花就会离开农场，前往下一站。

种植者痛苦地意识到，这是鲜花所能得到最好的照顾了。当花儿们开始走向消费者，它们的命运已不受种植者掌控。他们只能希望，这些花在走向市场的漫漫旅途中，每一步都能得到善待，这样当它们到达最终目的地时，将会有较长的瓶插寿命。幸运的话，花儿们可以坐上带冷藏室的货车。或许它们要被空运，飞机起飞后，行李舱里应该比较冷，但起飞前这些花要在7月炎热的跑道上等多久？要在洛杉矶或丹佛的货舱中待多久？当这些花到达杂货店、批发商或花店时，要过多久才会有人把它们从箱子里取出，重新剪茎（希望如此），然后养在水中？等这些花在消费者眼前首次露面时，它可能已经过了四五天，而真正的表演甚至还未开始。接下来鲜花要被人带回家，并希望它们能在花瓶里活上一周。买花人可能没有重新剪茎便将花插入水中，把它们放在阳光直射的窗边，或者放在电视上（这是种植者的梦魇），电视散发出的热量会导致鲜花死亡。这些都是种植者担心，但又无可奈何的事情。而太阳谷只是成千上万个想让事情正确发展的种植商之一。

参观花卉农场有点像参观巧克力工厂。在许多方面，这是最平凡、最普通的地方，到处是仓库和机器，里面的人按部就班地工作，并期待着休息时间。但产品本身却是不可思议，出类拔萃，让人迷醉。面对着一大桶巧克力糖浆，人们怎么还能专心于工作呢？面对着鲜花也是同样的情形。我总是无法应对鲜花的诱惑。当我穿过太阳谷的温室，看到数百枝粉红和黄色的非洲菊放在货车上从身边推过，如此光彩夺目，完美无瑕，让人忍不住想伸手抓取一枝。传送带上堆满了暗紫色风信子，令我心神摇曳，真想扑上去将它们揽入怀中带走，室外温暖的空气和明媚的阳光会使其香气四溢。无数华丽的"卡萨布兰卡"百合和高档的法国郁金香摆在那里，静候买家，我曾一度想转向莱恩，问他能否把这些花全部带回家，无论要多少钱。但花卉种植者不能这么想，对他而言，这里是农场，是一个农业企业。同加州其他农场一样，太阳谷也面临诸多亟须解决的农业问题，如外来劳工、农药管理和海外竞争等。

莱恩已经目睹了很多同行停业倒闭，或由种植花卉转行做进口和批发。他们的怨言在这个行业里耳熟能详，无非是工人的人工成本太高，土地昂贵，加州的能源自由化政策没有效果，水电费高得惊人，等等。更糟糕的是农民也在抱怨，他们在化学品使用上受到各种规章条例的限制，这让他们在与拉美种植商的竞争中处于不公平的劣势，这些拉美种植商出口的鲜花不但可以享受减免关税，上面还会喷洒在美国禁止使用的化学品。但莱恩对这些问题不以为然。"我们必须扬己之长，并臻于完善。”他说得如此笃定，令人不由得不相信他。

但光有信心还不够，每年生产上亿枝鲜花需要大量人手。太阳谷的四个农场雇用了500多名员工，在圣诞节、情人节、复活节和母亲节等需要大量鲜花的主要节日里，还会雇用更多人手。我见到的处理鲜花的工人几乎都是拉美移民，而坐在桌边开会的管理者们常混杂着西班牙语、英语和荷兰语的口音。

太阳谷的文化是一种多民族的奇特融合。通过这种方式，公司仿若能够跨越全球花卉种植贸易的极端。一方面，荷兰在近乎风靡全国的花卉产业中浸润了400多年，从而得以从容镇定地主导着整个行业。即使切花种植业已经走出荷兰一个多世纪，先是转移到美国，接着再到赤道周边国家，但荷兰仍在不断输出新品种、种植技术和温室科技。他们还掌管着资金，拥有全球种植品种的专利，并通过荷兰式拍卖确定全球花卉价格。他们仍然引领着时尚——阿姆斯特丹最普通的杂货店里摆放的花束，都比我在美国见到的任何花卉更时尚、更新颖。

但越来越多的花卉开始扎根拉美（或者在非洲种植，以供应欧洲消费者）。太阳谷的成功取决于莱恩将荷兰人的独创性与业务经营相结合的程度，同时其经营还享有在南部边境种植的好处：温和的气候和技术熟练的廉价劳动力。

外来劳工推动了加州农业的发展，那里只有5%的农场工人是美国本地人。太阳谷也不例外。此外，太阳谷还鼓励外来家庭在洪堡县定居，每年都会雇用比较稳定的员工，为他们提供英语课程，甚至给工作满一年的员工提供医疗保险和退休计划。（这可不是小事，劳工部一项调查显示，只有大约5%的农场工人表示雇主为他们提供医疗保险计划。）这并不是说在温室中采摘鲜花是一个理想的工作，它工作强度大，还有接触化学品的风险，整天都要进出那些寒冷的冷库，但作为农业工作它却不算太糟。也许由于莱恩在农场出生和长大，他由衷地相信，只有每天跟作物打交道的人才能被称为专家。

一天早上，莱恩邀请我去参加管理人员周会。农场员工们被分成几组，专职照顾不同品种的植物，每个小组都有一名代表。农场上有鸢尾花种植组、郁金香种植组、百合种植组和飞燕草种植组。小组中每个成员各自负责几行植物，他们需要密切关注植物生长，负责它们从首次萌芽到最后绽放的全过程。对于每枝茎、每朵花，甚至每一朵受伤或被丢弃的花都要认真观察和制表记录。这些花代表着利润，每一分钱都不能放过。

管理人员聚集在一间配备有笔记本电脑和投影仪的普通会议室里。桌子四周挤了几十把椅子，还有更多排列在房间后面。我坐在角落里，看着员工陆续进来并就座。会场很安静，莱恩打开投影仪开始播放一系列幻灯片。对农场种植的每种花都有一个图表，显示其在采收之前、采收期间和包装时的成本（通常每枝几美分），以及天然气消耗、病害情况和回收率——种球产出鲜花和实际销售的比率。一位经理将莱恩的话翻译给主要讲西班牙语的工长。我们就这样把每种植物的情况都过了一遍：有亚洲百合、东方百合、非洲菊、雏菊、紫菀和飞燕草。一些种植组会因工作出色而得到奖励。所有人都会被反复提醒每朵花都很重要。

我试着观察员工对幻灯片的反应。这里大多是中年人，可能在年轻时移民到美国，然后从农场工人一直干到工长的位置。他们不怎么说话，也不做记录，因此会议进行得很快，大部分都是莱恩在讲，我不知道其他人对这些图表和数据关心多少，毕竟我们谈的是花。不管怎样把花卉栽培作为一门学科，也不可能对它界定得太清楚。与种满鲜活植物的温室相比，关于每枝花成本的条形图显得过于抽象。如果我负责管理百合种植，与其在会上枯坐，我宁可回到百合身边。

但会议结束后，我跟着莱恩和其他工长习惯性地步行穿过农场，此时才发现，他们不仅关注莱恩幻灯片放映的内容，同时已经记住了各种数据，并想在田间地头讨论一下相关问题。“咱们的飞燕草数据有点低啊，”莱恩望着一片叶子带花边的绿色植物说，“我本以为它们能长得更好些。但上周实在太冷了，对吧？”管理飞燕草的工长点点头，但他指出，在距此只有几英里的另一个农场上，飞燕草已经开花了。莱恩吃惊地后退了一步：“什么？真的吗？他们在我们之前开花了？看看你能不能找出原因。”在温室里，有几行非洲菊几乎不再开花。莱恩指着令他感到不满意的另一项生产数据说：“这说明了问题。”管理非洲菊的工长俯下身，将手放在贴着植物根部放置的黑色管子上。“冷的。”他说，“几天前就不热了。”工长解释道，他怀疑是热量缺乏导致植物无法吸收足够的营养，从而降低了产量，抬高了每枝花的成本。“吓，”莱恩说，“能有这么大差别？”管道第二天就会修好，我还知道在随后的一周里，莱恩会常到这儿来视察，与保存在笔记本电脑里并在晨会上提到的数据相比较，看非洲菊能否赶上生产进度。

在莱恩每周例行巡视农场时，身旁总会跟着五六个工作人员，在穿过由不同人管理的作物田时，不断会有人跟过来，在巡视完后就离开忙自己的事去了。有时看着莱恩，我很难记起自己是去记录参观体验的。

我被他打理生意的方式，以及脑中各种细节分析和庞大的信息量所吸引。他是管理大师，是喜欢谈论和讲述传奇的那种人，但他们永远不会从他身上挖出什么谈资，我觉得莱恩不会喜欢被人过分关注。每当我问他由谁负责重大决策，决定种什么，如何种，以及如何销售时，他会耸耸肩说："这是集体的智慧，我们依靠团队力量来做决策。"很明显，他不希望任何人为做什么花费太多工夫。但这是全国最大的切花农场，一个不能忽视的事实是，它由很少待在办公室里的人打理。他在田间办公，这是需要实地察看的工作。

在太阳谷奥克斯纳德农场，莱恩停在一块刚挖好，准备种植飞燕草的地前。"这是在搭建拱形温室，对吗？"他问农场经理，经理点点头。（拱形温室是一种非正式的温室，通过将管子弯成半圆状，上面覆以塑料薄膜而成，比太阳伞大不了多少。）"我们要自己建吗？"

"我们没有弯管机，"经理说，"所以要去买，而且我们需要的尺寸也比较特别。"

"稍等一下。"莱恩说着从口袋里掏出手机，给阿克塔农场打电话，"能把弯管机送过来吗？"我听到他问。"对，用卡车。不，随时都行。好，明天可以。"他转向经理："弯管机没问题了。"另一个拱形温室里满是盛开的紫菀。每行花的末尾都有一架子白色塑料桶，工人在那儿现场搭配花束。"田里有这么多粉色紫菀，为什么每束花里却只用一枝？"莱恩问。管理紫菀的工长解释说，办公室指定每束花只放一枝粉紫菀。办公室负责分析种植计划，并将其与客户订单相匹配。

"但这些粉花长得比我们想的要快。"莱恩说，"别太在意办公室里那些人的话。你在现场，能亲眼看到这里的情况。每束花用两枝粉紫

紫菀类植物

紫菀类植物是菊科中的一个大类别，它们名字中的『Aster』词根源自拉丁语的『星』。正如我们看到的一样，紫菀类花卉以其数量众多、颜色艳丽的花朵犹如花园里的星辰一般令人爱不释手。

菀吧，直到数量均衡为止。”

每次碰面都会让员工多少有些不自在。没什么比有人一周接一周地飘然而至，瞬间就能发现问题并当场解决更让人尴尬了。但这不是唯一让我对莱恩感到惊讶的地方。他似乎总能全神贯注，对待工作事无巨细。我们在一块看起来空荡荡的地里停下来。他弯下腰，赤手插入泥土里，摸索了一阵，拔出一个新种下的鸢尾种球。工作人员聚集过来，莱恩向他们解释道：“我在看球根上是否有腐烂的软块儿和斑点。”他接着说：“那是被镰刀菌侵染的迹象。”他掏出小折刀，将种球切成两半，检查胚胎发育情况。“不错。”他说着将两半种球抛向身后，然后继续前行。

他在温室外面一片黄蜘蛛百合实验田前停下来，这是种仿佛来自异世的石蒜科植物，长着像蜘蛛腿一样的细长花瓣。“我对这些不太了解，”他说，“它们很占地方，并且不同时开花。”他弯腰想摘一朵花，结果整个球根差点被拔出地面。他失望地叹了口气，一边用脚把植物根部固定在土里，一边用手折断花茎。“我们需要把花切割下来，而不能像这样采摘。”用刀收割会拖慢采收速度，还会传播疾病。其实有个诀窍可以很容易地把花从根部折断，如果能熟练掌握的话，对花和采摘者都是件轻松的事。（我碰到过一些荷兰种植者声称，他们的同胞在使用这种采摘技巧上很有天赋，其他任何国家的工人都难望其项背。但我从没听莱恩这么说过。）莱恩站在那里望着一片片实验田。“嗯，”他说，“我们要好好考虑一下。”这天剩下的时间他都随身带着那朵花。当晚，在回阿克塔的包机上，他把花从座位底下拿出来，此时花上已沾满尘土并有点发蔫了。那天与我们同机的还有太阳谷的花束设计师。“看看你能用它做些什么。”他边说边把花扔到她腿上。

“你想用它赚多少钱？”设计师问，一边拿着花慢慢转动，“什么时候可以供应？”为回答这些问题，莱恩打开笔记本电脑，开始查看生产数据、种植时间表和每枝花的成本。在剩下的旅程里，他一直沉浸在各种电子表格和邮件中。我们五点起床，现在已经过了晚餐时间，但他却没有任何倦怠的迹象。

天黑后从奥克斯纳德起飞的飞机着陆了。我在田间穿行了一整天，试着像莱恩那样大步行进，并随时停下来拍照做笔记。我真是迫不及待地想冲回家爬上床休息。我站在停车场，一边跟另一位工作人员聊天，一边看着莱恩钻进卡车。“莱恩总是早上第一个到办公室。”她告诉我，“我们曾见他凌晨两点开着车在花田里转悠。他真是不知疲倦，我从未见过如此干劲十足的人。”有位员工总爱开玩笑说：“光速、声速和‘莱恩速’。”莱恩把车开出停车场时冲我挥手道别，我看着他离开，发现他很可能不是要回家，而是返回阿克塔农场，那里的百合和郁金香正在黑暗的玻璃暖房中静待绽放。

第五节　荷兰国花如何征服世界

无论从事花卉种植业的时间长短，都不可能不碰到荷兰人，他们简直无处不在。在世界各地的花卉贸易展上，总能看到荷兰展商的展位，摆满了纸板风车、代尔夫特特产青花陶瓷花瓶，以及那些传奇的郁金香花田的照片。在拉丁美洲、迈阿密或南加州的种植者群体中，总会或多或少地听到些荷兰口音。从很多意义上说，这是荷兰人的产业，他们向世界其他地区输出花卉与技术，并勤耕不辍，就像一位英明、睿智、永不退休的公司创始人那样，时刻关注着整个行业。

荷兰的花卉产业已有四百多年历史。那段时期，荷兰东印度公司和西印度公司主导着世界的香料、毛皮、食糖和咖啡贸易。土耳其是荷兰一个重要的贸易伙伴，通过土耳其—荷兰贸易路线将本土花卉运到欧洲园丁手中。根据民间传说，1593年，一个名为卡洛斯·克卢修斯（Carlos Clusius）的植物学家抵达荷兰，随身带着他收藏的各种球根花卉种球，其中就有来自土耳其和波斯的默默无闻的野花——郁金香。在欧洲人眼里，郁金香是如此与众不同，其种球有时会被误认为是洋葱而被烹煮食用。克卢修斯把这些郁金香带到莱顿大学，作为他在大学植物园里的新成员。这是关于郁金香如何到达荷兰的第一种说法。

很难想象园艺家和植物学家如何看待这些充满异国风情，但结构却异常简单的花。郁金香的花不过是由六片直立的花瓣围成的碗形，几乎没有香味。每株花的茎上只有两三片带状的叶子，在夏天会凋谢。一些野生品种长着窄而尖的花瓣，看起来跟我们常见的郁金香一点儿都不像。大约公元1000年起，奥斯曼帝国开始种植郁金香，外交官、商人和探险家从土耳其带来了新品种。这些花颜色绚丽多姿，花瓣弯曲，在细长的茎上微微下垂，花朵会逐渐绽放，之后当花瓣一片片掉落在桌面上时，将显得愈加美丽。难怪荷兰大师都热衷于描绘插满郁金香的花瓶，画中的郁金香常常花朵低垂，旁边伴着夏日牡丹和其他一些当季花卉。

克卢修斯给自己收集的郁金香编目录，按照形状、颜色和花期划

郁金香

郁金香这种来自中东及地中海高山冷凉地区的百合科花卉，也是一种大宗的切花，但是它最让人赚钱的是它的球根。这种极易退化的美丽花卉，在人们种下它的球根之后，大多数情况只能看到一季花，这正是花商最喜欢的地方。

分出了几十个品种。渴望与人分享的收藏家陆续把种球带往荷兰，很快郁金香便风靡于世。园艺家们从未见过如此炫丽的紫色和红色花朵，这些经常生长在富人花园里的郁金香很快就被种植者们（当时已被称为花商）奉为皇冠上的明珠，他们希望通过销售切花和分生出的小鳞茎赚取利润。到17世纪，单个的郁金香种球卖价越来越高，掀起了郁金香狂潮。富有的荷兰商人在拍卖会上竞相叫价，知道只要购得一个种球，就可以像炒房地产那样，在火爆的市场上靠炒作种球谋取暴利。将炒种球比作炒房地产一点儿都不夸张。当时，一个珍贵的种球可以卖到一座荷兰式运河屋的价格。在贵族中，郁金香切花也卖价惊人。1610年左右，女士们像佩戴珠宝一样佩戴郁金香，成为当时法国最流行的时尚。

郁金香花瓣无意中出现的一种神秘莫测的颜色再度激发了人们的狂热。克卢修斯注意到，有一些郁金香容易变成“碎色”，在花瓣上出现如狂野火焰般的白色或黄色条纹。杂色郁金香受到热捧，但没人知道是什么原因造成了这种艳丽的图案。市场上冒出了很多假药水，号称可以生成杂色郁金香。种植者甚至尝试将红色郁金香和白色郁金香的种球各切一半，结合在一起，希望能生出一枝带条纹的花。（这当然很愚蠢，而且根本不管用。）花商们一直致力于将郁金香推向新的高度，他们不惜破产也要追求完美之花。

当时，没有人想到造成杂色的真正原因是病毒。事实上，直到20世纪初，郁金香碎色病毒（又叫郁金香花叶病毒）才最终被发现。这种病毒由蚜虫传播，通过抑制细胞液泡中花青素（跟约翰·梅森用于培育蓝玫瑰或紫色康乃馨的色素是同一种）的数量导致花瓣变色。由于缺乏花青素，普通的白色或黄色底色会显现出来，从而在艳丽的花瓣上形成白色或黄色条纹。

现在，这些杂色郁金香依然很受欢迎。太阳谷培育的“热情鹦鹉”（Flaming Parrot）花瓣上有木莓色和杏黄色漩涡状图案，还有锯齿形像羽毛一样的边缘，必定曾让早期的荷兰花商心驰神往。但是，这些新的杂交品种都是未感染郁金香碎色病毒的健康花卉，这并非坏事。这种病毒也会攻击百合，并且不会带来好结果。此外，在病毒作用下产生的郁金香颜色图案也很难掌控。商业种植者都不想招惹它。相反，杂交育种者通过选育突变体，创建了遗传稳定的郁金香品系，保证能世代长出有条纹的花瓣。这些现代杂交品种有时被称为伦勃朗郁金香（Rembrandt）——很有讽刺意味，因为伦勃朗的花卉画并不特别出名——比起那些患病的前辈，它们更适于花卉贸易。

然而，那段时期，由于植物学家无法明确杂色图案的来源，因此买家为了得到一枝杂色郁金香，就要支付高昂的价格。在寻找珍品的过程时，花商往往会为了购买一个种球而花上几千荷兰盾，用这些钱可以买到很多其他货物：几头猪、牛和羊，几吨粮食，数吨黄油，几桶啤酒，还有运载货物的船只。

荷兰郁金香市场在1637年初的一场拍卖上突然崩溃，当时一磅郁金香从1250荷兰盾起拍，但没人出价。价格一跌再跌，随着时间流逝，成群花商竟无一人出价，显然，市场底价已经跌破。没多久，种球的价格就跌至不到原价的5%。到处都有人破产，欺诈诉讼四起，法庭纠纷拖延数十年。

尽管有炒花热的惨痛教训，荷兰人仍旧在郁金香种植者中占据主导地位。虽然稀有罕见的种球有时也能卖出高价，但在郁金香狂热过后，普通的郁金香种球售价为一荷兰盾，价格更趋合理。荷兰农民也开始种植克卢修斯引进的另一种球根植物——风信子。就在郁金香狂热结束一个世纪后，对风信子种球的小小狂热又骤然兴起，但其价格远没到高不可及的地步，并且这种狂热很快就消失了。

在接下来的几个世纪，荷兰种植者继续在农田里种植球根植物。荷兰是个大部分国土略高于海平面的“低洼之国”，通过排干湖水、修建运河和大坝获得更多土地，其球根植物种植田也扩大到现在超过五万英亩的规模，能生产一百多亿个种球，约占世界种球市场的65%。荷兰球根植物行业的年产值约为十亿美元（按批发价算）。

春天，蜂拥至荷兰著名郁金香花田的观光客们看到的将不只是有点夸大的园艺奇观，这些花田也是切花生产过程的一部分。种植郁金香通常不是为了它的花，种植者把它们养大，为的是埋在地下的种球。这些田里，约三分之二的种球会卖给切花商，以产出更多的郁金香，剩下的则销给本国的园艺师。每年四五月份，郁金香开出的亮丽花朵只是种球生产必不可少的副产品，不过还是有利可图，鲜花盛开的球根种植田每年春天都能吸引150万的观光客。

令人惊讶的是，尽管所有荷兰种植者都很敬仰他们热爱郁金香的祖先，但却并不墨守成规。阿姆斯特丹是座博物馆之城，据旅游局估计，城里大约有51座博物馆，但我猜实际数量应该更多。在阿姆斯特丹，我见过一些以文身、工会、新闻、啤酒、大麻、性、阿贾克斯足球俱乐部、刑罚和猫等为主题的博物馆。但直到最近，一个记录荷兰郁金香种植历史的小博物馆才在阿姆斯特丹开放。在此之前，只有去丽门（Limmen）的霍图斯布尔·玻如姆（Hortus Bulborum）公园，那里有一群热心志愿者，大多年事已高，在那里经营着一家传统植物种球博物馆。年复一年，他们保存着数百种稀世珍品，例如1595年红黄相间的“范托尔伯爵”（Duc van Tol），1780年的杂色“阿布萨隆”（Absalon），以及1665年的“君士坦丁堡海军上将”（Admiral de Constantinople）。霍图斯还收藏着一些早期设备，包括篮子、工具，以及用于种球拣选和分级的木制用具。虽然藏品不是很多，但仍占用了大量空间，以至于有些物品不得不寄存在当地农民的小屋里。

为了确保这些古老种球继续存活，霍图斯志愿者鼓励古宅所有者在自家花园种植这些种球，然后通过出口商出售少量种球，希望园丁们能让它们继续繁殖。这些古老的种球来自全国各地的种植者。“他们经常接到电话，说：‘我的棚屋里有些老种球，我准备把它们扔了。你们想要吗？’”莱斯利·雷金赫斯特（Leslie Leijenhorst）告诉我——他曾写过一本有关霍图斯的荷文书，“然后这些志愿者就会去把种球取回来。为了得到老种球，他们不惜去任何地方”。

每年春季当郁金香盛开时，花园会短时间开放，但霍图斯志愿者抱怨说，荷兰有很多郁金香育种者和种植者不会前来参观这些收藏，也不会使用育种计划中的基因品种。雷金赫斯特曾在书中引用一个退休董事会成员的话：“一些种球种植者太过自以为是。他们使用当代的杂交品种进行杂交，这将不可避免地导致近亲繁殖。我们的植物学收藏能够提供独特的遗传物质，可以用来培育新品种，并融入老品种的优良品质。”在缺乏种球贸易和其他来源支持的情况下，霍图斯布尔·玻如姆前途未卜。雷金赫斯特告诉我：“我很担心一般的种球种植者仍不知道这些收藏的重要性。他们可以利用这些老的品质，不只是颜色、形状和抗病性，甚至还有气味。你知道，与现代郁金香不同，过去的郁金香是有香味的。所以他们应该更多地利用霍图斯的资源。”

也许对培养老品种缺乏兴趣也是荷兰花卉业不断变化的迹象。郁金香不再是唯一能让种植者感兴趣的花。到1880年，种植蔬菜的温室大棚被改造成特殊的玻璃房子，用以种植玫瑰和紫丁香。种植者掌握了在春季到来前让鲜花盛开的方法，这一技术带来了新的市场。20世纪早期，一些小型鲜花拍卖市场在种植者集中的地方兴起，新的花卉贸易形式就此诞生，参与买卖的不仅有郁金香，还有黄水仙、风信子、鸢尾、玫瑰和其他各种公众喜爱的花。这种广泛的多样化和不断创新最终有所回报，如今，荷兰全国约有两万英亩土地专事切花生产，年销售额达四十亿美元。荷兰式拍卖系统成为全球性的切花市场，有超过半数的国际花卉贸易通过这些拍卖进行交易。

由于种植者开始到非洲和拉美追求更好的天气和更低的成本，荷兰人再次应变，转而输出知识和技术。育种计划、温室技术和国际花卉拍卖的财政实力是荷兰对当今花卉产业的主要贡献。经常可以见到集杂交、种植、批发和出口于一身的荷兰种植者，致力于全面塑造更美好的花。

刚抵达阿姆斯特丹的史基浦机场（Schiphol Airport），便能明显感受到荷兰花卉业的勃勃生机。在领取行李之前，可以在航站楼买一包郁金香种球或一束非洲菊。在阿姆斯特丹繁华的中央火车站下火车，就能看到有人骑着车呼啸而过，车把上别着五英尺长的一束唐菖蒲。搭乘电车时，你会发现辛格运河（Singel Canal）上有浮动花市，每天从早开到晚。浮动花市可以追溯到1862年，当时鲜花由船运进城市。如今已经不在固定的街市摊位上进行花卉贸易，而是在运河上的船屋里进行。鲜花们不是乘船，而是由货车运来。但是，虽然有诸多现代化的改变，这个位于市中心，每天都开放的花市仍被视为行业的风向标，随着季节变换出售百合、玫瑰或郁金香。

通过研究现购自运的混合花束，可以发现一两年内的流行趋势：肥大的黄色菊花搭配浅绿色的罂粟果；或者深红色的非洲菊、毛茸茸的深紫色鸡冠花和暗红色的叶子配在一起，用藤蔓绕起来，藤上还结着或青、或红、或黑紫色的野生黑莓。谁会把黑莓放进花束，尤其是普通的现购自运花束？荷兰人就会这么做，这意味着，不久之后其他人也会跟着这么做。市场就像是个贸易安全阀，让过剩的鲜花和最新的花卉时尚走进阿姆斯特丹的大街小巷。

我从中央火车站乘巴士前往屈德尔斯塔特镇（Kudelstaart），那里不仅以绿色牧场和牛羊的景色而闻名，而且还到处点缀着一个又一个的温室。巴士在特拉尼古拉公司（Terra Nigra）低矮的玻璃和混凝土办公楼前停下来。这家公司最初主要经营育种业务，后来开始在温室试验田中采用最新的种植方法种植玫瑰和非洲菊，随后这些花被运往公司位于加州和肯尼亚的工厂，在不同的气候条件下进行栽培测试。我想来看看荷兰输出到世界其他地区的究竟是什么样的技术。

我在会客室里见到了公司创始人的儿子彼得·波尔拉格（Peter Boerlage）。这里极其普通，一名接待员坐在台子后面，旁边杂志架上摆满了公司的产品目录和年报，铺着灰色地毯的走廊通往办公室和实验室。彼得是个三十出头的年轻人，头发稀疏，脸上总是挂着笑容。他的英语口音很重，即使用英语，他也说话直率、表达清晰。

彼得和兄弟姐妹一起从父亲和叔叔那里接手了生意。“他们于1971年创办了公司，起初是做玫瑰种植商，”他告诉我，“但我父亲对如何繁殖植物很感兴趣，于是创建了荷兰最早的组织培养实验室之一。如今我们仍然在这里从事育种工作。”

特拉尼古拉公司也生产玫瑰，但它最出名的是育种者辛勤培育出的具有新颖外形和颜色的非洲菊。我跟着彼得穿过一扇滑动玻璃门，走在水泥地板上，来到一个干净明亮，种满鲜花的温室。无数非洲菊好像在一片树叶的海洋上跳动闪烁，虽然它们花朵很小，也没有香味，但满眼望去却让人心情振奋。

起初，彼得并没有做太多解释，他只是带着我穿过一个个房间，我对着花指指点点，咧嘴笑着，不时兴奋地叫着：“哇，紫色。看，橘红色。”我觉得彼得肯定知道，外行人见到他的花时都会迷醉其中，最好给他们一些时间去调整。在每个温室中，大片的非洲菊面向天空，追随着阳光，它们的花瓣形成粉色和橘黄色的震撼花海。这种景象真让人眼花缭乱。连从小就置身其中的彼得也不由得在我们走下走廊时拦住我说：“它们很美，对不对？”

没错。当我同他站在一起，望着几十行明媚的橙色非洲菊静静绽放，我觉得自己从未在哪个地方见过如此盛景。这些花长得几乎毫无二致，散发出纯粹而简单的幸福光芒。你不得不喜欢它，愤世嫉俗的人也会被这种坚定不移的快乐所感染。我知道有些花商不喜欢非洲菊，厌倦它们无休止的明媚开朗和完全缺少神秘感或深度，但我不这么认为。每次看到办公桌上的非洲菊都能让我露出微笑。我对此心存感激。

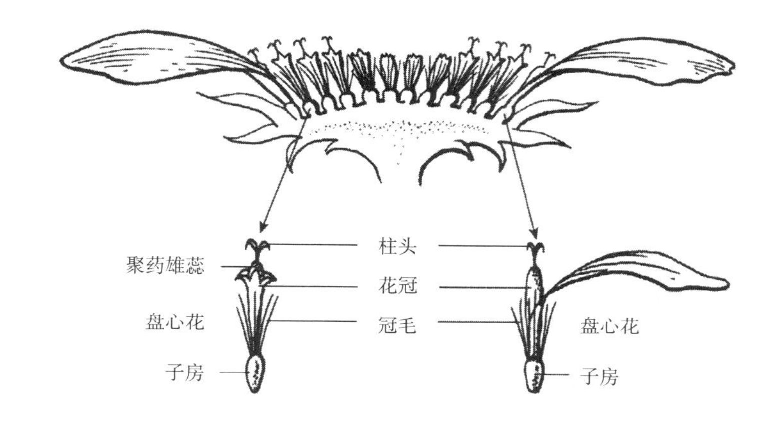

非洲菊属于菊科，同属植物还包括向日葵、紫菀和菊花。这种植物中很多花都具有基本的菊花形状，花瓣像太阳光一样从黄色的花芯向外发散。很多人不知道的是，和其他菊科花卉一样，非洲菊实际上是由许多小花密集排列，看起来就像一朵完整的花。中间的花称为盘心花，它们个头非常小，以至于几乎不能算是独立的花。这些盘心花在中间形成绿色或黄色的花盘，每个都可以单独受粉和结籽。一个菊科花朵的中心可以有数百个微小的盘心花。盘边缘生舌状花，通常不具生殖能力。这些舌状花就是非洲菊艳丽的带状花瓣。

仔细观察非洲菊，可以看到一簇更小、更短、更紧密的花瓣聚集在花芯附近，这些被称为过渡式花。一些技术含量很高的育种能使那些细小的过渡式花和外面环绕着的较大的舌状花具有不同颜色。在交易中，没有过渡式花的非洲菊被称为空芯非洲菊。此外，根据过渡式花占花朵表面的面积大小，又分为半芯或全芯非洲菊。非洲菊（又叫德兰士瓦雏菊）原产于非洲、亚洲和南美洲。现在最常见的种植品种于19

菊科大丁草属的非洲菊

菊科大丁草属的非洲菊是如今切花市场上非常热门的切花之一。它来自南非东部的巴伯顿，适应炎热干燥的气候。它的花期极长，叶丛中的花朵喜欢一枝接一枝地『接力』开放。

世纪后期由植物学家罗伯特·詹姆森（Robert Jameson）辨认出来，并于1889年以非洲菊“*Gerbera jamesonii*”的名字在植物学文献中被首次记载。

非洲菊的花多为红色或橙黄色，花瓣尖长，花葶上无叶（按照植物学家的说法，茎是植物长着叶和花的部分，而花葶专指只长花不长叶的茎）。自从被发现以来，经过整个20世纪的培育，非洲菊与其他物种共同繁殖产生了适于切花产业的完美品系。到了20世纪80年代，当明亮色彩、清新淡雅和时尚造型成为潮流时，非洲菊终于有了牢固的市场地位。如今，它是荷兰式拍卖的第四畅销花，流行度排名仅次于玫瑰、郁金香和菊花。仅美国人一年便会购买超过2亿枝非洲菊。这是一种让人难以抗拒的花，鲜亮的色彩和标准的菊花形状，让它成为一种具有波普艺术范儿的花，既活泼又完美，看上去好像不是真的。

世界各地出售的非洲菊中，约30%来自特拉尼古拉公司。彼得告诉我：“其余的非洲菊就来自我们这条街上的其他公司。”屈德尔斯塔特镇上普通的双车道公路就像是非洲菊行业的麦迪逊大道，所有大名鼎鼎的设计师就聚集在相邻的几个街区里。这里是世界上几乎所有非洲菊品种的诞生地。

“你需要提防竞争对手吗？”当我从那些动人心魄的花上回过神时，开始冲彼得发问。

“不，不是那样。”他说，“我们一直在交流。要是其中一个有了创意，我们会跟其他人分享，这样大家都可以试一试。”

“你在开玩笑吧？”我说，“在美国这种事永远不会发生。我见过的花卉种植商都不希望让竞争对手知道他们想干什么。”

“好吧，也许这是你们的问题，”彼得乐呵呵地说，好像为所发现的事实有点小得意。荷兰种植者一向以团结协作而著称。在荷兰待了没几天，我就已见识到相互合作的好处。这毕竟是个小国，农业用地有限，竞争者却遍布全球。通过分享新技术乃至销售数据，种植者们相信可以通过共同努力，保持产业长盛不衰。

特拉尼古拉公司的目录册上有200种不同的非洲菊待售。其中有种雏菊，比非洲菊要小，花朵直径不到三英寸[1]，占到公司产品总量的三分之一。雏菊之所以受欢迎，不只是因为它们价格更实惠，还因为与之前的“星象家”百合一样，更便于种植者操作处理。在包装车间，非洲菊经过分拣和装箱后准备运输。花朵直径四到五英寸的大型非洲菊要装在跟衬衫盒差不多的浅纸盒中。盒子背面打着孔，每个孔插一枝花，花朵卡在盒子里，花茎在盒子背面笔直下垂。这些盒子挂在架子上，就像挂衬衫一样，一直等到出货的时候。即便是在运输过程中，这些花也要竖直保存。如果不以这种方式包装存储，非洲菊很容易在重力作用下发生花头下垂萎蔫现象。但雏菊却可以像其他花一样，直接采摘并装在桶里，因此更便于采收和运输。此外，雏菊的瓶插寿命也很长，可以活到19天，而一些较大非洲菊的瓶插寿命可能只有12到14天。

特拉尼古拉公司的非洲菊颜色令人眼花缭乱——有柠檬黄、柑橘橙、樱桃红、糖果粉，等等。花的形状与色彩图案千差万别，以至于有些花看起来根本不像是非洲菊。洁白的“雪舞”（Snowdance）足以与大滨菊以假乱真；带褶边的白色“冰美人”（Icedance）生着很多细小

1 —— 1英寸=2.54厘米。

的过渡式花，看起来好像菊花；半球形的"特拉·萨图尔努斯"（Terra Saturnus）每朵花有500多个花瓣，看上去更像是百日菊或大丽菊；红褐色的"火球"（Fireball）在花瓣尖逐渐变淡为橙色，就像一个小型的向日葵。其中有些颜色好像只有像约翰·梅森那样经常泡在实验室的人才能制造得出来。"卡迪拉克"（Cadillac）有着饱满的李子红，对于以红色和黄色为主打色的非洲菊而言，这种颜色原本不太可能出现；"十字街头"（Crossroad）的外围是黄色花瓣，里面花芯处则是一圈亮红色的过渡式花；"拉斯维加斯"（Las Vegas）的花是果橙色，中心有一圈黄色条纹，看起来好像是扎染而成。特拉尼古拉公司同时也生产不那么中规中矩的朋克范儿非洲菊。"布偶"（Muppet）和"春天"（Spring）系列的花都长着不规整的锯齿形花瓣，完全颠覆了非洲菊众所周知的清爽、阳光的形象。这些花的花瓣好似细窄的火柴棍，并且越来越尖，让人觉得像被碎纸机碎成了条，或是被一场风暴吹散了架。当我跟着彼得在温室里走过一行行正在盛开的这种花时，我一直忍不住想伸手像抚摸孩子的头发那样，把它们乱蓬蓬的花瓣捋顺。

这些花卉品种全部来自于实验室。非洲菊很容易进行组织培养，因此在特拉尼古拉公司，不需要飞鸟或蜜蜂来帮助植物繁殖。事实上，假如你是一名切花种植者，想从特拉尼古拉公司购买一些非洲菊，你可以选择订购"实验室植物"。这是些幼嫩的小苗，看上去好像苜蓿芽，每三十个一罐，泡在从藻类提取出来的琼脂凝胶里。实验室植物都不是由种子长成，而是由亲本植株上采集的干净的组织细胞培育而成。（为此，特拉尼古拉公司持续种植在售的所有品种，它的基因库是工厂里最美丽的地方。这里的非洲菊不只是单一的红色、粉色或黄色，而是把不同大小、样式和颜色的花种在一起，每一种都有几株花，混在一起，其乐融融。）

特拉尼古拉公司的成功也给其带来了一些苦恼——他们的花身强体健，可以在温室中持续开花多年。我亲眼见证了这一点。太阳谷种植水培非洲菊，意味着那些花要在塑料盆中度过一生，它们的根周围不是土壤，而是切碎的椰子壳。每个花盆里都装着滴管，为花提供水和养料。莱恩·德弗里斯曾告诉我，在此条件下他能让非洲菊存活五年。由于这些花的寿命实在太长久，特拉尼古拉公司只有一个办法来增加销售：它必须不断推陈出新，希望种植者能舍弃旧颜色的花，并开始栽种更新、更时尚的东西。在我参观期间，橙色正风靡一时。他们还准备推出一种“四季青”，非常接近另外一种流行色——黄绿色。

花卉种植者都疯狂地追逐时尚。彼得告诉我，每年在拍卖会上都有 140 个新品种非洲菊亮相。我问他是否在培育蓝色或黑色的非洲菊时，他不假思索地说：“那当然。另外双色花也很受欢迎。我们每个人都试图拿出别人没有的独特的东西。”他告诉我，种植者都希望他们的非洲菊能够登上一些大的家居装饰杂志的封面，并由他们独家销售。“你也可以把红、白、黄、粉等各色植物都卖给他们。这是每个人都想做的。”

莱恩·德弗里斯曾表示荷兰种植者比加州种植者先进不了多少。但特拉尼古拉公司的温室配备了种植者想要的所有高级工具。种植新品种的非洲菊，让其通过试验，然后再投入市场需要花费时间：一个新品种非洲菊从走出实验室到摆进花店可能要花两年时间，而玫瑰通常需要七年。所以特拉尼古拉公司必须抓紧时间，温室不仅要高效，还要几近完美。

阳光的管理和利用是一直都要关注的问题。温室制造商一直致力于研制出一种新型玻璃或塑料，可以在没有横梁的情况下跨越尽可能大的距离。仅仅去掉几根支架就可以使温室增加 5% 的光照，这可关系重大。当我们走过温室时，彼得指着棚顶，让我看他们如何通过新旧技术相结合来管理光照。计算机控制的遮阳布沿着轨道滑动，能够随着光照的任何细微变化打开和关闭。如果太阳一直躲在云后，遮阳布会静静打开，以获取更多光照。在狂风大作，或晴间多云的日子，遮阳布可能一整天都会滑来滑去，尽量保持植物能接受持续光照。但有时也值得用一下老办法。如果阳光太刺眼，使植物有被烤焦的风险，工人就会冲到外面，将白垩粉撒在屋顶上。几个小时后，随着阳光转弱，他们再用水管把粉末冲掉。

高高的棚顶上开着通风孔通风。我们在一个新温室里，最近刚装了一种新型细眼防虫网。“装了防虫网后，我们的农药用量就减半了。”彼得说，“通过这种方式可以隔绝约 85%的昆虫。有一名员工负责监控病虫害，设计喷药程序。大约六个月前建成这座温室后，我在查看账单时找到这名员工说，‘肯定哪里出错了。’我觉得账单不太对，我们用了很少的化学品，但温室竟还是如此干净无虫。他告诉我，是这些网的原因。好吧，我原本知道这网可能会起点作用，但没想到作用会如此明显。”这种方法更安全、更环保，另外还有更实际的考虑：防虫网比农药便宜得多，而且工人在喷药后通常需要在温室外等候几个小时，使用防虫网则不必如此，从而大大提高了生产效率。

化肥也很贵，并且使用也受到严格控制。在保护地下水与河流方面，荷兰有严格的环境法规，因此特拉尼古拉公司所有的水都是循环使用。这消除了污染物流入水道的可能性，并让他们可以再次利用废水和其中可能含有的养分。特拉尼古拉公司有一个“肥料间”，在那里用过的水被收集起来重新利用。为了让水能通过滴灌系统再循环，必须对其进行杀菌消毒，防止传播疾病。要让水流经一个消毒室，并在里面接受强紫外线照射。如果水中有颗粒物，哪怕是极少量的石棉，或者很小块的椰壳纤维，都可能遮蔽一些有害微生物免受紫外线照射，并导致一些污染物流出去。因此，只有纯用于滴灌系统的水才被回收，重新用于输送肥料。其他的水，包括从温室流入室外排水沟的雨水，冲洗地板的水，从植物上落到根部水槽的水，都被引入一个单独的管道系统，仅用于加热。白天在用电高峰时，这些管道中的水可以用来使发电机冷却；到了晚上，用发电机将水加热后，让其从放置在植物根部附近的管道里流过，为植物提供柔和而稳定的热源，直到第二天太阳升起。

那些要返回植物根部输送肥料的水经紫外线杀菌消毒后，再添加由电脑计算好的混合肥料，然后送回滴灌系统。电脑会对非洲菊所需的各种营养需求进行计算，植物不断生长，计算结果也随之每周进行调整。最初要用氮肥支持绿叶生长，之后要用磷肥和钾肥促进植物开花，然后要添加硼等微量营养让花的颜色更鲜艳。整套系统设计非常精确，旨在促进植物生长，激发它们的所有能量。我靠在墙上，透过机器的轰鸣声听彼得描述水在房间里怎样流动时，我忽然意识到，花卉生产确实可以在工厂中进行。但这个工厂不仅仅指温室，同时也指植物本身。

在肥料间外，彼得指着从盆中“溢”出的枝叶繁茂的成熟非洲菊说：“你看这些植物的大小。种植者总在考虑劳动力成本，他们只希望有人帮忙采摘花朵，却不想去照顾植物。如果植物长得太大，工人们就必须对它们进行打理。他们要拔掉叶子，尽量让叶片数量适中，既不太多，也不太少。如果叶子太多——”他弯下腰，把植物的叶子拨开，“它就会遮住下面的叶子，被遮住的叶子就不能产生能量，反而会消耗能量。就是这样。人们希望植物能小一些，更紧凑，以便每片叶子都有足够的光照。”特拉尼古拉公司的非洲菊并不只是满足消费者所需的颜色、大小、瓶插寿命等品质，也会考虑种植者所需的品质。我近距离观察这些植物，发现它们叶片紧凑，在植物底部交替生长，让每一片叶子都能得到光照，然后可以用来生产养料，开出一朵接一朵的花。

特拉尼古拉公司还会考虑一些其他种植者想不到的问题。由于植物是通过组织培养，在盆里养大，从萌芽阶段到长成绿色幼苗，再到成熟开花，其耗费的劳动力成本可能非常高。任何一个用种子种植夏季植物的园丁都会告诉你，像这样盆栽植物简直费时又费力。特拉尼古拉公司则采用机器作业，将一托盘幼苗送入一台利用光学技术原理工作的机器。这台机器基本上是由给植物拍照的三个摄像头和一台测量叶片高度的电脑组成。经过拍照和测量，就可以用机械臂挑出足够大的、可以被移植的幼苗。机械臂不会去碰那些脆弱的幼苗，而是通过向托盘里喷射空气，将选中的幼苗吹出来。

“我们是唯一能在实验室外开展这方面工作的种植商，”彼得告诉我，“所以，我们不用把它们养在琼脂里，只要一点土壤或石棉，就可以把它们养到消费者想要的大小。”较大的植物需要人工种植。通常这些植物会沿着传送带或轨道送到工人面前，所以减少了工人探身或弯腰的频率。我想到了加州高昂的工人赔偿费用。“你们这样做都是为了避免让工人受伤吧？”我说。

“是的。”彼得说，“在荷兰这是个问题。对待工人要细心谨慎。”

荷兰花卉产业工人的经验与加州的产业工人不同。与荷兰花卉产业其他方面一样，这里的劳动力也正处于过渡时期。特拉尼古拉公司里有一些是地道的荷兰本土工人，但也有很多来荷兰淘金的波兰移民。我见过的那些荷兰种植者面对这种劳工状况似乎总是摇摆不定。一方面，他们毫不犹豫地声称自己的荷兰同胞素质最高，荷兰人与生俱来的天赋和长期的从业经验，非常适合从事花卉种植工作。他们暗示，像从根部折断花茎，或者弯折玫瑰藤让花朝正确方向生长等技巧，都离不开荷兰人。但另一方面，他们也对荷兰员工有所抱怨："我们这里基本上每周要工作七天，至少在繁忙的季节是如此。”一个种植者对我说："想指望荷兰工人？你根本没法让他们在周末还坚持工作。但那些波兰人就没问题，他们都是干一小时工作拿一小时钱。”

作为一名加州人，看到金发碧眼的工人在荷兰温室里辛勤劳作的场景，让我感到惊讶和不安。因为之前我在美国温室里见到的几乎全部是从拉美移民过去的工人。有一天，我在荷兰看到一群穿着卡其色裤子和蓝色 polo 衫的年轻波兰工人，他们正跪在一片大丽菊试验田里采摘鲜花。这看起来就像是 J. Crew 时装品牌的外景。陪同我的一位荷兰种植商冲我点点头，压低嗓音说："波兰人。"似乎在提醒我注意。我没想那么多："哦，可怜的受剥削的波兰人民，要在可怕的荷兰花田里辛苦劳作。"在这儿我没看到与《愤怒的葡萄》(*The Grapes of Wrath*)里相似的场景，我不担心他们要背负看不到出路的危险工作，被迫背井离乡，前途未卜。这些波兰人显得有些无聊，要是你在商场咖啡厅工作久了看起来也是这个样子。但这还不足以激起人们为他们的处境打抱不平。我为自己的反应感到不安。全世界的工人不是都一样吗？我是否可以假设，如果白人来做这些工作，会比美洲农场上的工人更安全、更好、报酬更优厚？或者我只是不太习惯看到欧洲的贫困工人阶级？

后来我意识到，荷兰花卉工人的困境与加州工人可能有很大不同(或者范围更广一点，与非洲或拉美的工人也不同)。这里的环境和工人安全法律更严格，温室里配备了更符合人体工学的设备，工人待遇更高，哪怕是最差的医疗保健项目，也要比大多数美国农场工人得到的要好。这还不够，与欧洲其他国家相比，波兰可能算是穷国。但在全球贫困国家排名里，它的情况比墨西哥之类的国家还要好得多。这些年轻人可以赚一笔钱带回波兰，然后过上体面的城市生活，或许还会上大学，或转行从事办公室工作。但对于在美国的众多移民农场工人而言，情况却不是如此。

荷兰的花卉农场需要大量廉价的劳动力，但严格的移民限制却让农场主们心愿难了。我听说过的关于荷兰温室的传闻是真的，它们基本上可以自主运转。当我跟着彼得参观特拉尼古拉公司时，在每个温室里都只能看到一两个工人。庞大的工厂里一年只雇用了75名员工，包括研究人员、温室工人、办公人员和销售人员，在农忙时节会雇用更多人手。但他们还在尽力精减人员。如今，在玫瑰大棚里，他们正在研究可以用机器种植和收割的花。

与其他花卉产地一样，在荷兰，玫瑰同样是个相当重要的产业。它们在荷兰式拍卖中占据主导地位，拍卖会上的玫瑰交易额高达七百多亿美元，是第二位菊花的两倍多，是第三位郁金香的三倍以上。德国、法国和美国对玫瑰的需求约占全球玫瑰需求总量的一半，单是美国消费者每年就能购买近 15 亿枝玫瑰。也许是受传统、习惯或莎士比亚诗歌的影响，但不管是出于什么原因，与其他鲜花相比，人们就是更喜欢玫瑰。

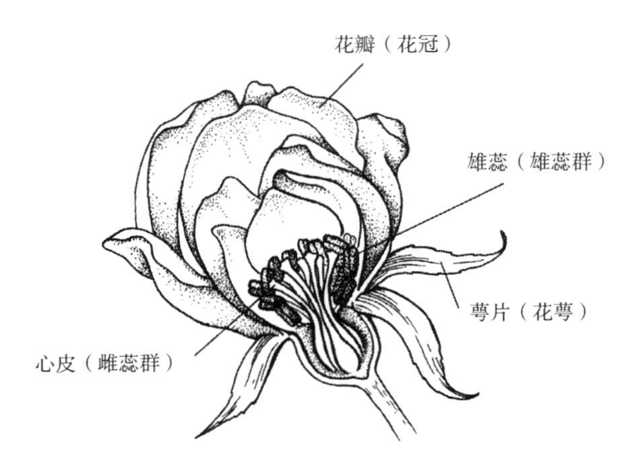

尽管玫瑰是一种古老的花卉，带玫瑰印记的化石可以追溯至3500 万年前，但现代花店里的玫瑰跟它们的野生祖先几乎毫无相似之处。野生玫瑰只有五片单薄的花瓣，通常是红色或粉红色的花。事实上，任何一种玫瑰，包括花商培育出来的品种，都只有五片真正的花瓣，那些多瓣玫瑰的花瓣其实是由雄蕊变化而来。雄蕊改变了形状和大小，看起来不再像是橙色或黄色的花丝，而是变得像是真正的花瓣。就连玫瑰的刺也不是它们看上去的样子。按照植物学定义，玫瑰刺其实不是由茎的分支形成的茎刺（thorn），比如山楂树上的茎刺。仙人掌上的是叶刺（spine），是由叶子变化而来。而玫瑰刺其实是一种由茎皮形成的皮刺（prickle）。（随着科技的发展，将玫瑰的花茎称为藤更合适。藤蔓是一种更加强韧的茎，一两年后就会枯死。玫瑰藤和同属蔷薇科的黑莓藤都具有相同的特性。希望植物学家能原谅我将错就错地使用大家更熟悉的“茎”、“刺”和“花瓣”的叫法，但在我心里，玫瑰的解剖结构永远包括藤蔓、皮刺和雄蕊。）玫瑰刺通常是微向下弯，防止小动物爬到茎上寻找食物。但花刺不仅仅具有保护功能。野生玫瑰还有攀缘的特性，跟它的近亲黑莓一样，利用刺来固定藤蔓，向上攀爬。

玫瑰原产于中国、北欧和美国，在希腊和罗马的作品里对它们都有表述。特别是一种叫法国蔷薇（*Rosa gallica*）的玫瑰品种，在古罗马时代以花香著称，其香味隽永，在变成干花后也经久不散。另一种著名的古老玫瑰是大马士革玫瑰（Autumn Damask），可多次开花，也用于制作香水。如今，园艺师仍在种植这种玫瑰，虽然其芳香扑鼻，受人欢迎，但在切花市场上，仍不足以与各种现代玫瑰相比。

18 世纪开始兴起通过杂交培育出典型的花店玫瑰。此时从中国引入了新的玫瑰品种，由于它们经常搭乘运送茶叶的船前来，因此后来被称为茶香月季。这些玫瑰香味淡雅，茎细长，花色多样——包括以前很少见的黄色，使它们非常受欢迎。将茶香月季与其他品种的玫瑰杂交，培育出了更加耐寒、可以四季开花的杂交常青玫瑰（hybrid perpetuals)。这些杂交品种都非常成功，首例杂交茶香月季“法兰西”（La France）于1867年面世。杂交茶香月季长直的花茎和硕大的花朵，非常适合制作切花，如今它们已经主导了整个切花产业。杂交茶香月季中间的花瓣较突出，从侧面看，类似于金字塔的形状。在切花市场上，这种花型比那些扁平的圆形花更受欢迎。红得深沉的“林肯先生”（Mister Lincoln）和鲜艳的橙红色“樱桃白兰地”（Cherry Brandy）都属于杂交茶香月季。

园艺师们都知道，杂交茶香月季很难在园中种植。它们会显得呆板而僵硬，直挺挺地立着，看起来跟周围上下起伏的多年生草本花卉格格不入。与之相反，它们长而直的茎很适合在温室里种植。在那里，挺得像标尺的茎不会显得很突兀，长着40多片花瓣，开拳头大的花也很正常。

特拉尼古拉公司的玫瑰产品里包括“大奖赛”（Grand Prix)，这是人们会指名订购的玫瑰之一。向花商订购一打“大奖赛”，就像去餐厅点一瓶香槟王，这是必须要做，并且也是很不错的选择。情人节那天，英国高档零售商玛莎百货里一枝“大奖赛”售价高达5英镑或9块多美元。这种玫瑰能够准确传达送花人的心意。它是典型的浪漫红玫瑰，长着直径4英寸的大花和修长笔直的茎，还有深红色的花瓣。虽然每天都有玫瑰新品种上市，例如一种奶白色花瓣上带着一抹粉红，里面还微微透着绿的“塔列亚”（Talea）玫瑰，曾在2004年的拍卖中风靡一时，但消费者还是喜欢购买“大奖赛”这样的经典玫瑰。这种玫瑰是由特拉尼古拉公司最先培育出来的。

特拉尼古拉公司供应37种玫瑰，包括白色、粉色、黄色和红色等基本品种；还有甜美的玫紫色“奥格美人”（Beauty by Oger）——得名于一家荷兰时装零售商——和一些比较流行的双色玫瑰，如“赛比纳”（Sambinat），花瓣是粉嫩的浅桃红，边缘则慢慢加深成野樱桃红。大多数特拉尼古拉公司的玫瑰都长着一码[1]多长的茎，据说瓶插寿命长达21天。特拉尼古拉公司等荷兰育种者和种植者的诀窍是培育出一种玫瑰，在荷兰育种，然后要在肯尼亚、哥伦比亚或加州种植。

我和彼得走出种满非洲菊的温室，沿着一条泥泞的小路去看玫瑰试验田。我们走进一座低矮的玻璃建筑，里面挤满了玫瑰花丛，显得寂静荒凉。这些玫瑰似乎完全自给自足。它们被栽种在营养液中，黑色软管在植物间蜿蜒缠绕，为它们提供水和养料。玫瑰们被迫以一种别扭和奇怪的姿势生长，如果种在花园里绝对见不到这些丑陋的姿势。为确保花茎能够笔直生长，让不开花的叶子不会遮蔽植物的其他部分，只有三四根枝条可以笔直生长并开花，而其余枝条则轻轻地向两边弯折到水平位置。这样可以让叶子吸收阳光，为植物提供养分。长长的侧枝一直延伸到行间的小路上，只留下足够一人小心走过的空间。

看到满室的玫瑰，不像看到满室非洲菊那样令人愉悦。深绿色灌木丛上生着暗紫色的硬刺，还有紧紧包在一起的花苞，给人一种庄严肃穆的感觉。几枝含苞待放的花受到严格控制，一定要在指定的时间开放。玫瑰种植者有一种常见的技术，使用橡皮圈或网帽（在厄瓜多尔被

1 —— 1码=0.9144米。

称为“condone”）套住花苞，延长其闭合时间，以便让茎长得更高些。可以想象，在情人节前使用这一招有多么方便。此时，彼得已准备好带领一群买主到温室来采购，他希望能让玫瑰花苞保持闭合，直到客人到来。有少数玫瑰花蕾却拒绝等待，到处都能看到半开的花，白色橡胶圈被撑开掉在茎上。这说明可能一些沉默寡言的工人在匆匆穿过温室时，手碰到了花苞，让充满活力的花朵摆脱了束缚。

与可以进行转基因处理并在实验室中培养的非洲菊不同，特拉尼古拉公司仍用传统的老式方法培育玫瑰，将一朵花的花粉涂到另一朵花的柱头上。完成授粉后，玫瑰花会凋谢，并结出果实——一种含有种子的小红果。育种者会促使这些种子发芽抽枝开花，或有时采用将幼苗嫁接到另一个成熟根茎上的方法，看会有什么收获。如果某个玫瑰看起来很不错，就会从上面剪下插条，另外再扦插繁殖出 6 株花。一年后，如果这株玫瑰仍旧长势喜人，育种者就会剪下更多插条，另外再繁殖出 36 株花。再过一年，这些玫瑰就可能长满一行。最后，这些花会被运到特拉尼古拉公司位于肯尼亚和加州的工厂，接受更多试验。有时，他们会送几箱花去参加荷兰式拍卖，看能卖到什么价钱。要是有种植商订购了特拉尼古拉公司的玫瑰，育种者就必须培育出足够数量的玫瑰以完成订单。在三千个杂交品种中，只有一两种新品玫瑰能完成这一过程，被推向市场。通常，一个过程需要七年时间，正如彼得所说，要在变幻无常的花卉市场努力追逐潮流，需要经过漫长的等待。

“我们会一直保持像‘大奖赛’这样的经典产品，”彼得告诉我，“但现在市场对张得更开、花朵更大的玫瑰有需求。你见过形如大丽花的玫瑰吗？我们有这么一个品种。”我随他沿着花行前前后后地走，终于找到一朵红玫瑰，浑圆的花朵开得无比张扬，好似里面可以装进半个网球。这朵花酷似中等大小的大丽花，看起来完全不像玫瑰。这种玫瑰的优点在于，能够满足近期开始流行的，要求玫瑰花能完全绽放、同时还要保持原有形状、花瓣排列更结实紧密的市场需求。

特拉尼古拉公司通过育种计划推出了很多玫瑰新品。他们的育种计划不仅要对未来七年内可能流行的花色和形状进行选择——这几乎是个不可能完成的任务，同时还要兼顾其他可以让植物获得成功的特性。例如，植物是否能抵抗灰霉病？这是种可怕的真菌性病害，可导致花苞上出现灰色和棕色的病变。还有花朵是否紧凑，使每公顷温室能够容纳更多植株？植物每个月能长出多少花？切花对采后处理的适应性怎样？当工人在去掉下层叶片、切干、按大小分级时，植物叶片是否容易受伤？是否有花瓣脱落？

有时我会在温室中看到无刺的玫瑰。我问彼得，这是否为满足消费者需求而培育出来的。也许是那些新娘顾客，她们不想冒划破面纱的风险。“不。”彼得说，“这是为种植者考虑的。如今在花卉工厂，他们在传送带上种植这种玫瑰，这样工人无需去找植物，植物自己就能找上门来。现在都用机器运送花卉，如果玫瑰刺太多，就可能撕破旁边玫瑰的叶子，并导致疾病传播，作物受损。种植商最喜欢这种无刺玫瑰。此外，它还能节省劳动力成本。制作玫瑰花束时，无刺玫瑰的捆扎速度是有刺玫瑰的两倍。但我认为消费者还是喜欢带刺的玫瑰。玫瑰之所以是玫瑰，就是因为具有这些独特的特征。没有刺的话，还算是玫瑰吗？”

种植玫瑰的温室里温暖潮湿，令人感到不适，雾气模糊了我的眼镜，相机也无用武之地。但彼得似乎对这潮湿的环境相当熟稔，但他注意到高温让我无精打采，于是每当我们走过几行花后，他就会带我穿过一个打开的窗户或门，可以让我把头伸到外面呼吸些新鲜空气。玫瑰花顶上悬挂着硫磺喷雾器，在晚上点燃释放烟雾，这是一种毒性较小的控制霉菌方式。黄色粘虫板用来捕捉进入温室的蚜虫或粉虱。种植玫瑰的容器出人意料的小，玫瑰根被固定在只有 3 英寸高的用塑料包裹的石棉块儿中。那些与我花园中的花草一样大的植物，都从这种小石棉块儿中长出来，由于可以从根部获得稳定的养料供应，因此能够长出很多叶子。这里的环境拥挤而潮湿，从那些密密挨着、快速生长的植物身上，我能感到它们的迫切。一朵玫瑰的常规生命过程包括蒸腾作用、光合作用、长叶抽枝、开花成熟，而这一切似乎都在温室里被放大加速了。

我随彼得走出温室，回到办公室。我边走边思考玫瑰所经历的各种突然转变。几个世纪以来，玫瑰一直是美丽、浪漫、充满野性的东西；但最后，我们自己用简单粗暴的方式开始培养它：选择最鲜亮的色彩和最优雅的形状；研究如何进行室内栽培，使其在冬天绽放。而现在，就在 20 世纪，玫瑰变成了科学实验，就像被用来做实验的小白鼠。如今，完美的玫瑰可以在工厂生存，由机器培育。它被种出来满足种植者而不是爱好者的需求。对我或对玫瑰而言，这改变了什么？这是否扼杀了我们的浪漫？

我准备问彼得，他如何看待批量生产的玫瑰在恋爱及诱惑艺术中的意义，但他没有继续谈玫瑰，而是将话题转移到了新项目上。

“过来再多看一个温室。”他说，“我们正在种植毛茛。我认为它未来的前景不错。天再冷一些，它就能很好地开花。”种植者喜欢在温室空着的时候种植反季作物。事实上，我注意到特拉尼古拉公司正在一间温室里种植圣诞花，既可以让员工保持忙碌，又可以让温室空间不浪费。耐寒的植物还可以帮温室节省取暖费，让种植商更加有利可图。如果常见的普通鲜花可以替代其他更昂贵的鲜花，那么将大有帮助。毛茛和桔梗的流行都仰仗于玫瑰和牡丹。在一个密实的纯色花束中，在比较贵的牡丹之间塞一些廉价的毛茛，或者将桔梗与玫瑰搭配在一起，就可以用较少的钱做出一个又大又饱满的花束。

彼得没想过将毛茛与牡丹或者玫瑰做比较，虽然它们具有相似的圆形带褶边的花型。“发挥一下想象力，可以把它与非洲菊对比一下，”他说，“它们的颜色没有差别，还可以在组织培养实验室里进行繁殖，就像我们种植非洲菊那样。”换句话说，他们的技术很适合种植毛茛。就凭这点，毛茛对他们而言就是种好花。

“那要怎么采收？”我问，“能像非洲菊那样手工采摘吗？还是需要切割？”

他摇摇头：“要切割，必须要切割。不过没关系，这不是啥大问题。我们现在正在育种，不断研究这些品种，也许几年后我们就能推出一些毛茛产品了。”

种植者完全为了未来而工作。11月份，他们就开始考虑情人节该怎么做。在2005年的展销会上，他们已经在想2007年该种什么。对于像特拉尼古拉公司这样的种植商和育种者，在今天看起来很有前景的作物，很快会在两年、五年或七年间推广种植。唯一的问题是，当这些植物出现时，公众愿意接受它们吗？

下午早些时候，我离开了彼得的办公室，乘巴士回到阿姆斯特丹，并正好赶在辛格浮动花市关门之前从中穿过。这是个专为游人而设的市场，每个商店都在出售廉价的荷兰纪念品，如陶瓷风车和运河屋形状的冰箱贴等。成袋的郁金香种球在卖给当地人时是一个价，但卖给游客时则是另外的价格，其中包含了运输费和美国农业认证费等。切花大多做成现购自运的花束，在街上全天供应，无需冷藏。按照荷兰的标准，这里没什么大发现，都是些最便宜的花，在本周的拍卖会上很容易看到。不过，这里是公众的选择。大家是不是厌倦了向日葵？康乃馨真的会卷土重来吗？绿色的花是否仍然流行？是要罂粟果、绳状的“千穗谷”，还是紫色、红色和杏黄色金丝桃浆果？流行还是过时？蝴蝶草在荷兰越来越多，但它在美国能流行吗？所有这些最终都由消费者决定，种植者只是希望他们猜对的次数比猜错的次数多。

辛格花市是行业的一个缩影。在那里你可以选择只买一枝花，也可以购买一打花，而就在数英里外，这些花都是数百万计地被拍卖。我在那里时，风信子和黄水仙种球的售价每个不到一欧元。我买了一袋郁金香种球，里面有一百个各式各样的种球，包括送货上门，只花了四十欧元。我还发现一束特拉尼古拉公司出产的非洲菊。我把它们拿到柜台，女售货员提醒我：“把它们放进几英寸深的水里。不要比这再多了。”（后来在酒店，接待员看到我拿着非洲菊走进来，会在身后叫道：“只需一到两英寸的水！”在荷兰，可能每个人都能告诉你，如果将非洲菊插入满瓶水中，它们会通过茎吸收过量的水，所以，把它们放在少量水中可以活得更久。显然，全体荷兰人民都将尽可能延长非洲菊的寿命放在首位。）

尽管城外就是高科技运营的工厂和全球花卉市场，但在阿姆斯特丹，鲜花依然拥有无处不在的浪漫风情。我在市场上看到郁金香，在窗台花箱中看到天竺葵，连自行车车把上也扎着玫瑰，我无法说服自己鲜花已经失去了魔力。即使到现在，种植商称自己的农场为“工厂”，非洲菊在实验室里萌芽并被大批运往肯尼亚或波哥大。即使是这样，当你走过阿姆斯特丹的浮动花市，一束明黄色的向日葵，或者一束甜蜜芬芳的水仙仍然令人感到难以抗拒，激动不已。

也许荷兰是花卉产业的发源地，但即便是荷兰人的聪明才智也无法与非洲和拉美的完美气候、廉价劳动力和宽松的政府管制相媲美。在过去几年里，都乐食品公司（Dole Food Company）一直在哥伦比亚收购切花农场，意在实施全面整合战略，它拥有花卉农场、货车、加工厂、批发商和分销商。它们的想法是，让消费者能主动到西夫韦超市购买都乐出产的花束。这一幕尚未实现，据美国花商协会（Society of American Florists）执行副总裁彼得·莫兰（Peter Moran）推测，这是因为人们并不想要普通的、毫无特色的花卉。“鲜花不是巨无霸。”他对我说，“人们愿意相信，他们购买的是独一无二，专属于自己的东西。他们不想要那种在全国任何一家杂货店都能买到的花。”

我回到位于加州的家里，但在我的荷兰郁金香送来之前，正值拉美地区农业花卉博览会 Agriflor 召开之时。我登上了飞往休斯敦的飞机，从那里前往基多（Quito），准备一睹花卉贸易最终领域的风采。

第六节　赤道繁花

基多是个宏大、华丽而又颓败的旧殖民地城市。它沿着皮钦查火山的斜坡修建，就像一条披肩，顺着山脉迤逦而下，优雅地覆盖着山谷。我本没打算爱上基多——它只不过是距离厄瓜多尔主要花卉农场最近的一座城市而已，但不管怎样，现在我却爱上它了。这座城市散发着甜腻得近乎腐朽的气息，却又充满意想不到的活力，有慷慨善良的人民和神秘的旧街老路，繁华与破败之间处处是鲜明的对比。在宏伟的西班牙广场边上，是各种昏暗的小店，出售最便宜的鞋子，还有热气腾腾的自制小吃。那些美食引得我馋虫欲动，但理智告诉我最好别去尝。巨大的基多女神像伫立在面包山（panecillo 意为"小面包"）上。她表情优雅仁慈，整座城市都沐浴在她的佑护之下。

但是要在基多找到一束鲜花并不容易。厄瓜多尔出产一些世界上品质最好的玫瑰，花卉贸易在国内经济中所占份额也越来越大，但它却不是花卉消费大国。头两天当我四处溜达，努力让自己适应海拔 9200 英尺的稀薄空气时，没有看到一家花店，甚至连在街头卖花的女人也没有。基多旧城区的露天市场出售各种经过敲打和抛光的锡罐，老式电视机，过时的汽车维修手册，还有成麻袋的干豆，但就是没有花。在新建的胡安·莱昂·梅拉（Juan Leon Mera）旅游区一端是美丽的埃莱希多（El Ejido）公园，在那里几乎可以买到各种东西——画在羽毛上的街景，手工编织的披肩，还有自制冰淇淋，等等。但即便如此，却仍然没有鲜花销售。最后，我在一座教堂附近发现了一个花摊，在那里买了一枝晚香玉，然后一整天都带着它。每当经过在街头小便的男人时，我便会把鼻子埋进花里深深吸气。（男人到了基多，整个城市都可以做便池，闻着臭气就知道该去哪里释放。）

我住在旅游区旁边异常干净和现代的万豪酒店。酒店里有一个大理石大堂，和一个曲线玲珑、带瀑布的温水游泳池。每天晚上太阳下山后，我和丈夫斯科特就会泡在里面（在赤道地区，全年任何时候的太阳都是6点升起，6点落下）。酒店里还有一个小酒馆，我们在那儿吃披萨和万豪酒店自制的马铃薯炖汤（locro de papa），这是厄瓜多尔的国汤，由土豆和奶酪制成，有时中间还会放一块鳄梨。

但我很少待在酒店，而是更喜欢泡在附近破败但舒适的旅游区。那里有廉价的网吧，出奇美味的印度和中国食品，很多酒吧，以及一些小药房和书店。正是在这附近，我终于找到了一家真正的花店，这是一个只能容纳三四个人的小商店，出售直接由种植商供应的厄瓜多尔玫瑰花。在一个小玻璃保鲜柜中，还有各种中规中矩，用于正式场合的玫瑰和康乃馨摆饰。

我不清楚这个花店的消费对象是谁。在这个远离酒店的地方，很少看到跟我一起的万豪酒店客人，住在附近的好像大多是到处穷游的学生。但不管怎样，我进店挑了一束桃红色玫瑰，花瓣轻轻打开，露出一抹绿来。它们是在花桶里时间最久、最陈旧的玫瑰，但我并不在意。我准备把它们放在酒店的冰桶里养几天。同时我还找了个借口跟店主聊起来。

我为这些花付了五美元，果然，作为回报，店主很乐意与我畅谈，但却不想透露姓名。他趴在柜台上，跟我聊了将近一个小时。在这段时间里，没有人进入店里。我的西班牙语差强人意，像我遇见的许多厄瓜多尔人一样，店主会讲的英语也很有限，但我们还是设法去了解对方。他是一个下颚宽厚的家伙，头发稀疏，大概五十多岁，眼睛深陷，双眼皮很深，总是从眼镜上方打量我。

他给我讲了在来厄瓜多尔之前我听到最多的故事。在这个小国中，花卉农场已经成为主导贸易，逐渐上升为第三大产业，仅次于石油和香蕉。他说，不像种植豆子或饲养奶牛，它们至少能为当地人提供餐桌上的食物，而花卉农场却大量生产不适合当地人使用的奢侈商品。他们耗尽了水和良田等重要资源。花卉产业的工人越来越难自给自足，因为他们在玫瑰种植园工作，而不是在家照料自己的农场。不仅如此，整个国家也变得越来越难以自给自足。当美国希望与厄瓜多尔就贸易协议重新谈判时，花卉就是讨价还价的筹码。“美国人对我们说：‘你们不准对我们的牛奶和玉米征收进口关税。否则的话，我们将对你们的花卉征收关税。’”为了确保我能理解，店主换成英语对我说：“厄瓜多尔的花被——怎么说呢——就是我带走你的家人，在你付钱给我之前不会让他们回来，用哪个词来表示？”

“绑架？”我惊讶地问，“劫持？”

“对。”他说，“劫持。我们的花被劫持了。所以，我们进口你们的牛奶和玉米。但是我们自己的农民怎么办？如今他们不生产牛奶或玉米了。我们的食物都靠美国供给。”

厄瓜多尔与美国关系紧张。自2001年起，厄瓜多尔停止使用本国迅速贬值的货币苏克雷，现在他们都是用美元做交易。（作为新奇玩意，你仍然可以在市场上花几美分买到上千元的苏克雷货币。）这使得厄瓜多尔的财务状况只能依赖于美国的财政政策，很不稳定。当美元兑欧元汇率下跌时，厄瓜多尔人发现像往常那样从欧洲购买诸如汽车或温室用品时，需要支付更多费用。当开始使用美元为货币时，他们都要与美国的财务状况挂钩，不管未来的形势好不好。

前一天晚上，我在酒店房间里观看了2004年美国总统竞选辩论，其中外交政策是人们关注的重点。令花店店主惊讶的是，在整场辩论中，没人提到拉丁美洲。当我告诉他，大多数美国人可能不知道厄瓜多尔使用美元作货币，更别提他们在商店买的玫瑰可能也来自这个国家时，他只是惊愕地摇着头。到厄瓜多尔没多长时间，我便把美国视为一头笨拙的大象，对像厄瓜多尔这样在身边一直关注我们的艳丽小鸟视而不见。

店主认为，花卉种植没有给他的国家和同胞带来出路。他告诉我，这项工作很辛苦，工人们要接触有毒农药，以换取微薄的工资。“如果花卉产业再好一些，”他说，“你以为工人会得到更多报酬吗？我不这么认为。雇主们会霸占这部分利润。”我边听边点头，心想：好吧，这正是我所想的。这些花卉种植园向河里倾倒化学品，还不断剥削工人。在美丽的厄瓜多尔玫瑰背后，却有如此可怕的故事。在我离开之前，我反复听到对拉美鲜花产业此种现状的描述，而这也正是我去那里时希望听到的。

也只有当我在厄瓜多尔时，才能听到这个版本的故事。毕竟我是来参加展销会的，这是花卉产业做出最佳表现的机会。但即使撇开行业人士的意见，我仍很惊讶竟然有那么人——包括出租车司机、地毯编织工、餐厅服务员，甚至花卉园艺工人自己——认为花卉产业并非十恶不赦。也许对于该国困顿的经济而言，这是为数不多的存疑选择之一，但大多数人并不像我想的那样刻薄。

让我们稍微回顾一下，看看最初花卉产业是如何来到拉丁美洲的。从二战到 20 世纪 60 年代期间，美国种植者取得了巨大进步。他们想出了如何在全国范围内快速运输鲜花，这使得在气候适宜的地方建立农场成为可能。战后，温室从用煤采暖转变为用石油或天然气采暖。美国种植者为这个正享受经济繁荣的国家提供了几乎所有鲜花，而我们这些国民都开始佩戴胸花，用康乃馨装饰巡游花车，并为宴会和晚餐聚会定制主题花卉摆设。

随后，商人们把注意力转向哥伦比亚，他们发现这个国家有种植花卉的理想气候，同时还有廉价的劳动力和较少的监管限制。哈佛大学的工商管理硕士托马斯·凯勒（Thomas Keller）在肯尼亚做渔民时积累了一些出口经验，他来到哥伦比亚，希望在此从事出口贸易，但他不知道出口什么作物最好。他遇见了一个加州花卉种植商，认为由于土地价格和公用事业费用不断上涨，在加州继续从事花卉种植经营将难以持续盈利（很明智的想法）。后来，凯勒和那位种植商与另外两位合伙人一起成立了一家名为 Floramerica 的公司。大卫·奇弗（David Cheever）是公司的合伙人之一，当时他还是一名大学生，曾对世界各地最适合种植鲜花的地方做过研究。哥伦比亚被证明是理想的花卉种植地，那里海拔高，靠近赤道，气候温和。这些人于 1969 年成立了 Floramerica 公司，6 个月后，他们开始将花卉装上飞机，运往美国。在接下来的 20 年里，他们将公司壮大到拥有 5000 万美元的销售额。渐渐地越来越多的公司开始种植花卉，然后销往美国市场，其中不乏诸多哥伦比亚的公司。1998 年，都乐食品公司收购了 Floramerica。（从此以后，其业务飞速发展，目前该公司在哥伦比亚和厄瓜多尔拥有 1400 英亩的花卉农场，种植 800 多个品种的花卉，销售额约 1.68 亿美元。）在近期的哥伦比亚花卉种植者协会花卉出口协会成立 30 周年庆祝活动上，奇弗与其他行业领导者一起被授予了创始人称号。Floramerica 公司是在这个多灾多难的国家实地创建花卉产业的先驱。

具有讽刺意味的是，哥伦比亚的问题部分归咎于多年来当地花卉产业的成功。1991 年签署立法的《安第斯贸易优惠法》（*The Andean Trade Preference Act*），允许哥伦比亚、厄瓜多尔、玻利维亚和秘鲁向美国出口免税产品，期望这一优惠国待遇能够鼓励农民种植除古柯以外的其他作物。古柯是制作可卡因的主要原料。但毒品战争被广泛地认为失败了，据白宫的统计数据显示，尽管进行了根除运动，但在 2004 年年底，古柯种植面积又有增加。而人们对哥伦比亚和厄瓜多尔花卉和其他产品的偏好仍在继续。

哥伦比亚在拉丁美洲切花贸易中占主导地位，有超过 16,000 英亩土地用于鲜花种植，而在厄瓜多尔，种植面积大约为其面积的一半左右。哥伦比亚主要针对美国市场，有 85%的切花出口到美国，而厄瓜多尔出口美国的切花占到 71%。其他哥伦比亚切花，特别是非常高档的那些花，主要出口到欧洲和俄罗斯。哥伦比亚的产品也更多样化，约有一半的花卉产品是玫瑰，剩下的是康乃馨、菊花和其他花卉。而在厄瓜多尔，四分之三的产品是像满天星这样的花卉，主要用于在花束中做配花陪衬玫瑰。不过，厄瓜多尔的优势在于其经济和整体安全都更加稳定。而哥伦比亚的毒品和暴力活动泛滥，为商业活动的进行造成了困难。对于任何想在哥伦比亚建立业务经营的国际种植商而言，安全是需要头等关注的事情，而将毒品装在鲜花盒子里私运出国的风险，也给哥伦比亚的切花产业招致了极为细致和严格的检查。

我在厄瓜多尔时，哥伦比亚种植者经常问我，离开基多后能不能去看看他们的农场。我试着用比较礼貌的方式解释，为什么选择来厄瓜多尔而不是去他们的国家。但最终他们会说："你是不敢来，对不对？"我扬扬眉毛，仿佛在说，我怎么会不敢？而他们会挫败地耸耸肩说："没你想的那么糟，不会再有那么多绑架事件了。好吧，某些地区除外。你确实要小心。"这种不冷不热的邀约还是无法说服我预订行程。此外，厄瓜多尔玫瑰的风头已经盖过了哥伦比亚玫瑰。一个美国进口商告诉我："选购玫瑰时，我的第一选择是厄瓜多尔玫瑰，第二选择还是厄瓜多尔玫瑰。第三选择才是哥伦比亚或加州玫瑰。对我而言，那些是第三等的花。"厄瓜多尔玫瑰以花个头大、茎长和色彩炫丽而闻名。它们已被看作是广受欢迎的奢侈花朵，这很大程度上得益于该产业的营销效能。这就是我来厄瓜多尔所看到的。

Agriflor 博览会由厄瓜多尔花卉生产商和出口商协会（Expoflores）以及厄瓜多尔种植者贸易集团每隔一年举办一次。（在非举办年，哥伦比亚的种植商会举办展览。）博览会位于城外，距离基多大约有一小时的车程。在拥挤的展会大厅里，种植商展示他们的奇花异草，并与来自世界各地的批发商和零售商进行交易。育种者展示他们最新的杂交品种，希望说服种植者进行尝试。航运公司和航空公司向各位商家分发交货时间表和运输时刻表。工具、农药和西班牙语农业教学视频制造商也向众人展示他们的产品，并接受订单。

博览会上有大量欧洲买家，包括无处不在的荷兰人、其他国家正在考虑种植切花的种植者，以及来自各行各业的美国人。我遇到了一位生产花束玻璃纸套的以色列女士；一位希望扩大国内种植业务的智利农业顾问；一位向欧洲超市供应非洲玫瑰的德国进口商，当时他正考虑将厄瓜多尔玫瑰列入其产品供应列表；还有一名纳什维尔高档花商，他走遍全球，亲自为大客户挑选鲜花。

让人感到讽刺的是，过去几年我所见过的花商却最不熟悉产业内部的运作方式。他们中的大多数从未走访过大型农场，也没有与种植者直接交谈过。他们从批发商那里进货，鲜花就像变魔术一样出现在商店里。我意识到，消费者之所以对花的来源知之甚少，是因为他们与花卉产业的唯一联系——花商，本身就对这些事情知之甚少。但对于去往厄瓜多尔的花商，则有无数可能，那里的选择令人眼花缭乱，难以抗拒。特拉尼古拉公司把花型完美、带几何花纹的非洲菊铺满展台，花的颜色也比我几个月前在他们的荷兰温室中见到的要多，有棕色、深紫红和其他更多色彩。有些展台摆满了康乃馨、六出花，甚至还有厄瓜多尔当地的热带鱼。但所有参加博览会的人都是为了去看玫瑰。

当我写这篇文章时，我的办公桌上摆着一束半枯萎的杂货店双色玫瑰。这些花相当漂亮，花瓣是米黄的底色，上面带着一抹粉红，一直延伸到瓣尖处变成深粉。它们与我在 Agriflor 博览会上见到的玫瑰品种不同。徜徉在厄瓜多尔玫瑰花丛中，就像在穿越一片玫瑰森林。展示这些巨大玫瑰的最好方式是将它们放在坚固的齐腰高的落地花瓶内，然后将花朵摆成一个直径可达四五英尺的密实的漂亮花球。它们如此高大，我只能仰望它们。

这都是些什么玫瑰啊。我从“埃斯佩兰斯”（Esperance）旁经过十余次，它的故事就像高端市场发展历程的缩影。这是一种三色玫瑰，花瓣颜色由粉红渐变为乳白，然后是浅绿。这些花在半开时被采摘，并在花瓶中一直保持这种样子。（消费者厌倦了购买永远都开不了的玫瑰花苞，这是对他们新需求的一种让步。几乎不可能找到一种既便于运输，瓶插寿命又长，并且还能在花瓶里开放的玫瑰。随你怎么挑。最近流行在玫瑰半开时进行采收，并让它们在花瓶中保持这种状态。）最令人惊讶的是这些花的大小。在近乎盛开的状态，它们的花朵几乎有棒球大小。我在花园里见过像这样巨大而蓬松的玫瑰，那是一朵完全绽放的“杰斯特·乔伊”（Just Joey），在它面前，所有花店的玫瑰看起来都那么单薄和小气。但我从来没有在商业切花中见过它。这些玫瑰比牡丹或一些大丽花都大。

这些花的其他部分也很完美。茎秆笔直，与我的手指一般粗细；叶子毫无瑕疵，没有破损或枯萎，擦得很亮，泛出淡淡的光泽；花刺也很大，如雕塑般完美地沿着茎均匀分布。我意识到，这真是一种奢华的顶级玫瑰。它从不会在杂货店里出现，甚至在住所附近的小区花店里也很难见到它的身影，除非你住在高档社区。

令人苦恼的是，在这种情况下，很容易忘记拉美花卉农场上工人受剥削、环境被污染的可怕问题。这些花本身对人有极强的吸引力。“樱桃白兰地”焦糖黄和糖果粉旋转交织的花瓣看起来很好吃。绿色的“林波舞”（Limbo）就像美味的冰冻果子露，我从未见过这种颜色的玫瑰。绯红色的“青春永驻”（Forever Young）甜美浪漫，总是近乎完全绽放的样子。我以前对玫瑰切花不甚在意，但在那一天，我发现自己变成了玫瑰狂。靓丽的色彩就像是花朵的高级时装，我彻底被它吸引了。要是能在家乡小镇找到一家花店，里面有淡粉色和红色的“拉丁夫人”（Latin Lady），或者深紫色与红褐色的“黑巴克”（Black Baccarat），那么我必定每周都会去那里大采购。这些不只是玫瑰，它们是时尚的风向标。虽然这些养植玫瑰看上去不够自然，与它们在花园里的近亲也完全不同，但突然之间，我对这些毫不在意了。它们与众不同，好比是鲜花中的蒂凡尼钻石，历经打磨、雕刻与设计，最终臻于完美。

但这也是问题所在。随着厄瓜多尔玫瑰的质量持续提高，压力也不断增大。厄瓜多尔经济学家、花卉工人权利的倡导者诺玛·米娜（Norma Mena）告诉我：“每朵花都必须尽善尽美，这样它才能在市场中竞争。它一点都不能过时。种植者的技术手段有高有低，公司有好有坏，但你知道吗，他们生产的花都相同。”也就是说，他们都必须种出完美的花，而这对工人、自然资源、贸易谈判和基础设施都会造成巨大压力。

结果将导致一系列问题，不仅在厄瓜多尔，而且在其他拉美国家和非洲，都会引发全球人权组织和环保团体的抨击。很少有工人的工资能高于最低工资。在厄瓜多尔，花卉农场的标准工资大约是每月150美元。在这个以重大节日为中心的产业中，劳工权利倡导者控诉，工人在旺季得不到加班工资，被迫超时工作，并通过第三方劳务公司雇用。这些劳务公司将员工从一个农场倒手到另一个农场，避免为工龄较长的高级工人提供应得的福利或更高的工资。童工也是个严重的问题。一份关于厄瓜多尔香蕉产业童工的人权观察报告，促使有关机构对国内整个农业领域进行详细调查。联合国儿童基金会检查了香蕉和花卉种植园，发现有数百名儿童在农场工作。据联合国儿童基金会估计，厄瓜多尔 5 至 14 岁的儿童中，有 6%是童工。

通过走访发现，童工的实际存在率可能还要高得多。即使那些自称没在温室工作过的孩子也能无比详细地描述是如何进行劳作的，这令人相信，他们起码在那儿干了很长时间。国际劳工组织的一项研究表明，在花卉种植区接受采访的孩子中，有 78% 从 15 岁开始工作。声称有工作的孩子中，约半数在切花产业工作。有些为分包商工作，其他人则直接被农场雇用，和成年亲属一起劳作，帮助他们完成工作配额。作为研究内容，有些孩子还接受了体检。结果显示，有 30%的孩子患有头痛，32% 患有震颤，27%患有偏头痛，还有 15%的人有过昏厥或眩晕经历。这些诊断和血液检查的结果说明，“接触神经毒性物质”可能是造成童工健康问题的起因。

不管是儿童还是成年工人，都受到农药和其他在美国被列为违禁化学品的物质威胁。国际劳动组织的一项小型研究显示，只有 22%的厄瓜多尔花卉公司为员工提供培训，教他们正确使用化学品。不同农场的防护装备水平、对喷药后返回温室时间的限制，以及工作场所的医疗服务水平差异很大。同一份报告显示，多达三分之二的厄瓜多尔花卉工人出现过与工作有关的健康问题，包括头痛、恶心、流产和神经等方面的问题。（相比之下，只有不到三分之一的加州农业工人抱怨过类似问题。）我本人即可以证明一些化学品的危害。在一个加工车间，一桶杀菌剂挥发出的烟气无比强烈，让我几乎无法呼吸。我用袖子捂着嘴，匆忙跑出去，真不知道二十几名对玫瑰进行切割和分级的工人如何能够忍受它。他们没有比我更多的呼吸防护，甚至连一个能提供一些象征性安慰的纸口罩也没有。

北美农药行动网（PANNA）负责监督花卉栽培产业，监控农业化学品对公共健康的影响，同时还报道各类工人中毒事件。它在长期暴露于刺激性化学物质的花卉工人群体中跟踪调查流产增长率、出生缺陷发生率和生育率下降等问题。2003 年底，就在花卉产业加紧应对情人节的花卉需求高峰时，PANNA 报道了发生在哥伦比亚一所农场的化学品泄漏事故，这场事故导致 384 名工人入院治疗。在出事农场使用的农药中有两种有机磷酸酯类药品，都是内分泌干扰物，并可能是造成长期神经损伤的罪魁祸首。它们的影响是日积月累和长期的。据 PANNA 称，哥伦比亚公共卫生部长参与调查了此次事件，发现这些化学品被混合存储，不当使用。“测量化学品的工具是不准确的，”PANNA 报道称，“化学品的混合程序没有清晰确定，部分农药被存储在以前用来存储其他化学品的容器中，并且工作空间和地面狭小或不平整。”

花卉产业关于性骚扰的控诉也很普遍。具有讽刺意味的是，这个为表达爱意提供服务的行业竟被这些控诉戳得千疮百孔。劳工权利团体在情人节和母亲节广泛宣传这一事实。2005 年，一份来自国际劳工权利基金会的新闻稿写道：“今年的母亲节，我们希望你能考虑一下，那些为你手中美丽玫瑰而努力劳作的女性的处境。”一部名为《爱，女人和花》（*Amor, mujeres y flores*）的花卉产业纪录片，将鲜花比作种植它们的女性。一名花卉工人说：“说真的，看到一朵以牺牲他人为代价而美丽绽放的鲜花，这很可悲。”

诺玛·米娜与人合作研究厄瓜多尔切花产业的性骚扰问题。她对来自基多北部农村的47家花卉公司的101位妇女进行了采访，在受访女性中，超过半数的人表示遭受过某种形式的性骚扰。在20到24岁之间的年轻女性中，这个比例更高，超过了66%。受到口哨、手势、笑话和嘘声骚扰的情况相当普遍，有约三分之一的妇女声称受到过违背个人意愿的身体接触，还有大约18%的受访者曾被主管邀请外出或求欢，另有十分之一的女性曾遭到过性侵犯。调查表明，在种植和生产区工作的妇女特别容易受到攻击。米娜在报告中写道："在花卉产业中，种植活动都是独立完成的。在温室不同工作区域，一般只有一到两个人在那里工作。这使得女工很容易成为同事和上司性骚扰和性虐待的目标。"

环保团体另一个主要关注点是花卉栽培产业对国家自然资源的影响。在这个问题上，大部分注意力都集中在非洲。肯尼亚古老的奈瓦夏湖周围的花卉农场受到了重点监察。农业污水入湖，以及因灌溉导致的水位下降，使奈瓦夏湖这个重要的天然资源受到了严重威胁。在拉丁美洲，受关注的主要问题包括化肥和农药污水，化学品排放入河或危险废弃物处理，以及食用受污染的草对牲畜造成的影响。如果没有严格的自然资源管理计划，花卉栽培产业可能会对国家的自然资源构成严重威胁。而厄瓜多尔对这种威胁并不陌生，雨林行动网（Rainforest Action Network）曾广泛报道外国石油公司在设置管道和钻探新的石油资源时，对厄瓜多尔热带雨林的破坏。致富的希望虽然在这个贫穷的国家非常诱人，但代价确实高昂。

自从花卉产业在拉丁美洲兴起以来，有关劳工和环境问题的控诉已成为该产业遗留问题的一部分。虽然走访调查的记者已对相关情况进行过彻底报道，但却似乎并未改变美国人的购买习惯，每年美国都有相当大的一部分花卉来自拉丁美洲。在过去的十年中，美国本土玫瑰的销售额从近5亿株，下降至不到1亿株。同时，一年内玫瑰切花的进口额已增加至超过13亿株。一直以来，我从未见到有美国零售商或批发商声称，有消费者想知道他们的花来自何处，以及如何种植。而这些消费者的需求在拉美种植者心中是最重要的，因为他们的鲜花大多流入美国市场。现在，美国人首要关注的似乎是价格，而这正是拉丁美洲所具备的优势。（同时也有面对漫长的运程，增加瓶插花卉寿命的竞争需要。加州种植者会认为，消费者要求低价的原因是，拉美出产的花维持时间不久，人们觉得付出的金钱没有换回应有的回报，因此对花的心理价位越来越低，这将导致花越来越便宜、质量越来越差的恶性循环。）

整个行业一直处于变革的压力下，但这种压力并非来自那一大部分将花带回家的买花人。相反，对更好的劳工和环境标准的需求来自于大量采购鲜花的零售商和批发商——例如，连锁杂货店对其供应商有行为规范要求——以及更为苛刻的欧洲市场。尽管欧洲人的购买量仅占厄瓜多尔花卉出口量约15%，但我遇见的许多种植者认为，美国消费者将会像欧洲人那样偏好通过对社会更负责的渠道购买鲜花，而这只是一个时间问题。

当我在Agriflor博览会的展厅漫步时，令我感到惊讶的是，种植者们竟如此渴望去证明，随着时代变迁，花卉产业不应再承受以前那种坏名声，并且该行业对厄瓜多尔及厄瓜多尔人都是有益的。当我环游世界，与不同种植者、批发商和零售商进行交谈时，我注意到，很多人更愿意保持低调，不愿过多谈论他们行业内部的运作情况。通常我要费很大劲才能说服他们，让我取出录音机并开始提问。但在 Agriflor，种植者和行业代表在走廊里追着我：“你是写书的美国作家吗？”“我想和你谈谈。”我发现自己坐在一个又一个参展商的展台，听着基本相同的故事：“是的，确实有问题，但我们已经在改变了。我们背负不起那些坏名声。我们是毗邻哥伦比亚的小国，他们的花卉种植面积是我们的两倍，有时可以利用比索贬值，以非常低的价格在美国市场上倾销玫瑰。”此外他们还认为，如果没有花卉产业，乡下的人们会背井离乡，迁往基多，而基多已经人满为患，就业机会匮乏。花卉产业为人们提供了一条留在故土靠近家人的出路。（厄瓜多尔有严重的工人移民问题，许多人去西班牙找工作，在那里厄瓜多尔人组成了最大的移民社区之一。）

除了提供就业机会，他们还提到很多花卉产业的其他好处，如花卉农场推动了卫生和电力等基础设施的建设，有些还帮忙修建学校、道路或医疗诊所。新近一项对从事花卉种植的哥伦比亚妇女幸福感的研究表明，为妇女提供家庭以外的有报酬的工作，使她们在自己家庭中更有地位，这可能使其免受家庭暴力，并可以在家中享有更大的性别平等待遇。

相反，要是没有花卉农场，情况会更糟。“如果你买了加州玫瑰回家，”一个种植者告诉我，“你不是在支持美国工人，而是在支持远离家人的墨西哥工人。如果你购买了厄瓜多尔玫瑰，就能让厄瓜多尔的家庭待在一起。”他还说，如果美国人不再购买厄瓜多尔玫瑰，工作没有了，这些工人别无选择，只能离乡背井外出寻找工作。但由于很多秘鲁人和哥伦比亚人也越过边境，希望能在厄瓜多尔赚取美元工资，而不是换取他们自己的货币，从而造成工作机会更加稀缺。

现在矛盾就摆在我面前。一方面，花卉农场的工作工资低、强度大、危险性高。所有这一切都是为了给想以更低价格获得更好花卉的美国人生产那些短命的奢侈品。另一方面，人们需要工作。在厄瓜多尔可能没有太多的经济机会，但这个国家不缺的是适于鲜花种植的完美气候和海拔，以及照料它们的劳动力。正如一位种植者告诉我的（大致翻译如下）：我认为，在花卉农场出现之前，农村的厄瓜多尔人生活更惬意。但我们（花卉农场主）却不必像乡民那样，守着光秃秃的一小片土地、几只鸡，以及有限的电或饮用水而勉强度日。而且不得不承认，我根本不想尝试这样的生活。

那个星期，我跟随一群同样参加本次博览会的采购商和种植者走访了几座花卉农场。大多数农场都聚集在卡扬贝地区，距离基多东北部约 45 英里的一个村庄周围。去那里需要走泛美公路出城，随着路越走越窄，沿着高高的山峰蜿蜒盘绕，路上的卡车、巴士和摩托车也越来越多，这时你可要在座位上坐稳扶好，因为车速比你平时习惯的要快得多。当我们向上攀爬时，我被酷似新墨西哥州或科罗拉多州沙漠高原的景观震撼了。山丘岩石密布，越来越坎坷，植物大多是低矮的树丛和灌木，牢牢地扎根在灰白的土地上。偶尔，在我们的小旅游巴士急转弯的瞬间，我能瞥见山下陡峭的沟壑，底部有湍急的溪流，在卵石、生锈的汽车、旧衣服和垃圾堆中穿行。我试着不往下看，眼睛一直盯着头顶隐约可见的火山峰。那里也被称为卡扬贝火山，山顶终年积雪覆盖，海拔约 19,000 英尺，高耸入云霄。

有一两次，道路急转，穿越赤道，每次司机都会指给我看，我会想象有一条明亮的橙黄色虚线横亘在风景之上，就像我家中地球仪上的那条赤道线。我们就在地球的正中央。如果沿着那条橙色的线转动地球仪，会看到肯尼亚——另一个主要的花卉种植区。再次转动地球仪，就能看到新加坡——那里也是花卉产地，主要是兰花，但也有菊花、康乃馨和一些玫瑰，用于供应亚洲和欧洲市场。当我们来回穿越赤道时，我觉得自己正在一条将所有新兴花卉种植者联系在一起的紧实细线上行走。如果你想开一家花卉农场，就应该在地球仪上，用手指顺着这条线找到一个地方，那里有充足的雨水、廉价的劳动力、像模像样的机场，以及可供大型冷藏车通行的道路。这就是适合建造花卉农场的地方。

卡扬贝地区的生活水平与全球其他种植花卉的赤道国家差别不大。基多周围乡村的房屋通常比较小，只有几个房间，用煤渣砖建造而成，上面为盖着带瓦楞的铁皮屋顶。一些更老、更破旧的房子，则由泥砖和灰泥建造而成，上面为覆着圆瓦屋顶。在城里，人们有时住在用砖或煤渣块砌成的楼房里，楼下是小商店，上面住人。很多这种建筑看起来像是一直没完工的样子，大都修建到第二或第三层，省去了屋顶或几扇窗户。在厄瓜多尔的乡村，虽然只有约55%的家庭通了电，但我们离电网其实并不太远，几乎家家户户的门前都有乱成一团的电线。事实上，虽然卡扬贝看似偏远，但我后来才发现，我们离最近的网吧不会超过一个小时的车程。

但基础设施欠缺是一码事，经济繁荣则是另外一码事。附近一个叫奥塔瓦洛的村庄主要依赖旅游业，其五光十色的露天集市向来厄瓜多尔的游客兜售地毯、披肩、木雕和成千上万的巴拿马草帽。这种草帽并非如其名字所示产于巴拿马。（让我花点时间来消除关于厄瓜多尔和帽子的传言。巴拿马草帽一直产于厄瓜多尔，厄瓜多尔商人喜欢告诉游客，这种帽子得名于一张照片，照片上泰迪·罗斯福曾戴着一顶这样的帽子参观巴拿马运河建设现场。事实上，《纽约时报》提及“巴拿马草帽”的起源可追溯至1851年。而1900年9月2日《泰晤士报》的一篇报道澄清，这种帽子得名的由来是因为巴拿马是它们主要的配送中心。）卡扬贝村本身很少为游客提供草帽和饰品，更不要说酒店或餐厅了。还令我感到惊讶的是，与荷兰不同，厄瓜多尔没有围绕花卉产业形成旅游景点，这里没有游客中心，没有导游，也没有玫瑰出售。

但没有旅游业，地方经济还剩下什么？这个地区的大部分村庄里都有几间小杂货店，一家汽车维修和机械修理店，还有起居室大小的小饭馆，供应自制的汤和其他当地小食。这里没有商场，没有办公室，也没有工厂。我不得不承认，那些种植者对基多城外乡村生活的描述并非遥不可及：为了养家糊口，一户农家应该会有一个小菜园，一只羊和几只鸡在院子里走来走去，有时附近还会停着一辆老爷车。但这样的生活是贫瘠的。一份花卉农场的工作虽然有诸多缺点，却让人难以拒绝。

在到处散布着低矮房屋、土路纵横交错、树木稀疏的乡村，大片温室构成了惊人的景观。它们主宰着整片风景，闪亮的长条状大棚占据了整个山坡，聚在一起像拼图一样，反射着厄瓜多尔明亮耀眼的阳光。它们完美而崭新，看上去完全不属于这里，就像是偶然闯入了乡村的外地事物。而事实也的确如此。

现在我对花卉农场有了更多了解，不再以为在农场四周能看到黄黄蓝蓝的花田。在厄瓜多尔，极少在户外种植花卉，即便这里全年温度都保持在65华氏度（约18摄氏度）左右，每天太阳升起和落下的时间也基本不变。飞燕草、满天星和一些作为配花的绿植在大田里长得更好，但玫瑰则需要遮风躲雨。温室（其中大部分只是拱形的大棚，棚壁由塑料薄膜而不是玻璃制成）还可以隔离害虫和杂草，并有助于保留杀虫剂和其他熏蒸剂的效力。

我们沿着窄窄的泥土路走近花卉农场，道路两旁种着速生的桉树，可以挡风，也可以用做遮挡的屏障。有时，在一天中不同时间，我们不得不坐在路边，等待载着工人往返农场的巴士。偶尔我们会停下来，让山羊先穿过马路。农场用这些山羊来清除温室周围的杂草。

每次走访农场都以相同的方式开始。农场主或经理率领一群精通种植、收割、后期制作、病虫害防治等各类业务的管理人员在门口迎接我们。这些男士（基本上都是男性）穿着印有公司标志的系扣衬衫，他们除了个别哥伦比亚人和几个德国或荷兰农场主外，大都是厄瓜多尔人。他们会带领我们参观生产设施，接着在办公室短暂停留，行政办公室的年轻女士会给我们端上饮料和饼干。然后在我们离开时会送上一枝玫瑰，或者一顶棒球帽，或是印有公司标志的记事本。我敏锐地意识到，这些参观的目的是为了给我们留下印象。种植者不知道有哪些人报名参观他们的农场，我看到他们试图把买主与大量比较随意的参观者区分开来。在我们这群人中，有一位美国花商杂志的编辑、一位荷兰批发商、一位零售花商、一位在波哥大办事处买卖鲜花的经纪人，还有几位拉美批发商。

我原本期望在这里看到更依赖人力劳动而不是昂贵设备的低技术含量的经营方式。不出所料，厄瓜多尔的玫瑰通常直接种在土里，而非像在美国或欧洲那样，种在花盆或塑料箱中。这里的温室由金属或聚氯乙烯杆建造而成，上面覆盖着塑料薄膜，两端往往完全开放，可以使空气（和昆虫）自由进出。小鸟也飞进温室，在椽条之间冲我们喳喳叫。花行间杂草丛生，我一直在想，这些人其实是在地里种植花卉，就跟园艺工作差不多。

好吧，也不完全是。与世界其他任何花卉农场一样，这些农场都遵照同样严格的时间表运营。每株植物都要满足特定的月生产指标，都有严格的最后期限。为高端市场种植大花植物的农场希望每株玫瑰每个月能开一朵花，每英亩栽种约 28,000 株玫瑰。为中档美国市场供应玫瑰的农场会将目标提高到每株玫瑰每个月开两朵花，每英亩的种植数量也增加到约 50,000 株。节日总是让人忙碌，为了准备过情人节，工人们圣诞节前就要开始修剪植物，在一月份将小网帽套在玫瑰花苞上，让其含苞待放，直到收获时节，并迫使茎在开花前长得更高。即便如此，要满足主要节假日对花卉的需求也是一项艰巨的任务，种植者们会抓住机会，与对花的季节性要求不高的客户达成协议，让他们能够全年按照相同的时间表进行操作。

在大多数温室中，玫瑰是两株一行，并排栽种。成行的玫瑰漫无边际，花行之间的缝隙极小，让人几乎无法挤进去好好欣赏一朵花。玫瑰丛种植在精心堆积的土床上，高耸过头。许多花高得连 6 英尺高的人都够不到。这些都是高档玫瑰，与我在 Agriflor 博览会上看到的品种相同。我总是问种植者，他们最喜爱的品种是什么，答案从来不是带落日色调的“樱桃白兰地”之类奇诡艳丽的玫瑰，或是暗红底上带黄色扎染条纹的“魔法师”（Hocus Pocus）玫瑰。大多数种植者都偏爱那些吃苦耐劳的普通品种。它们每周都能上市，不易受病虫害影响，并能很好地经受运输考验。无论我怎样努力，也不能让他们从纯粹的审美角度去看待玫瑰。事实上，大多数种植者很难理解为什么会有人喜欢那种在温室中长势不甚好的新奇玫瑰，就好像消费者在挑选玫瑰时知道种植者在生产这些花时需要费多少心血一样。

Plantador是一家繁殖玫瑰并出售给种植者的公司，其总裁卡洛斯·克雷尔（Carlos Krell）曾说道："看看这种'马戏团'（Circus）玫瑰。"他指着一株华丽的双色玫瑰，长着鲜黄色的花瓣和橙红色的瓣尖。"四年前我们开始研究它，并认为这是个典型的三公顷品种，也就是说，我们顶多可以卖掉20万株这种植物。这种玫瑰在花瓶里很漂亮，颜色持久，瓶插寿命长，花瓣绽开，但它的品质不是很好。这种花很难管理，茎长只有50厘米，也没什么特别的。但在过去两年中，它是我们最热销的品种，风靡俄罗斯、荷兰和美国市场。为什么会这样？我也不清楚，人们就是喜欢它。你无法理解这些，只有市场了解市场。"他又指着"法国红"（Red France）让我看。这对我来说就是最普通的红玫瑰，在花店里我会径直走过它们，转而挑选其他更有趣的东西。卡洛斯说："这种花非常好，品质优良，在瓶中姿态优美，花瓣漂亮，颜色好看，但没人想要它。这就是市场。"

我能理解为什么种植者更喜欢那些易于在温室中处理的植物。每年要千辛万苦才能种出几百万枝完美的玫瑰。我曾在一个或几个农场见过各种温室管理工作：工人们戴着橡胶手套摘掉病变或破损的叶子，并将它们丢进绑在腰间的袋子里；用黄色粘虫板捕捉蚜虫；在小型实验室里，玻璃罐中培养的生物农药就像发霉的蓝奶酪；巨大的热气腾腾的堆肥堆，最终会被铺撒在温室地面；成罐的甲基溴农药斜靠在棚屋板上；刚刚喷过农药的温室外挂着“不得入内”的牌子，通常还有一个小塑料时钟显示工人可以返回的时间；每个温室入口都有洗鞋处，在进入温室前，人们可以在浑浊的消毒水中冲洗鞋底。

厄瓜多尔温室是新旧技术的混合体。我遇见的所有温室管理人员都了解水培技术、有机虫害防治、复杂的水循环系统，以及将植物主动送到工人面前的机械化货架。毕竟，这是一个全球性的市场。他们知道荷兰人在做什么，也清楚肯尼亚人、埃塞俄比亚人、以色列人和加州人在做什么。但决定买什么设备，采用何种技术，何时用人力代替自动化，则完全是经济学在起作用，都取决于花卉质量、新鲜程度和花朵大小的市场价值和需求。这是个复杂的计算过程，特别是在温室里，要把每平方英尺的种植空间、每株植物、每加仑水和每滴肥料都计算在内。这在采后过程中更加明显。玫瑰被采摘后，便开始步入死亡过程。随着时间流逝，利润也在蒸发。从花茎被剪切的那一刻起，时间就是金钱。

让我们以橙绿色的“林波舞”玫瑰为例，跟随它完成从温室到零售商的旅程。我们将从周一的早晨开始，在厄瓜多尔的温室中将“林波舞”从枝上剪下来。这是一种大型玫瑰：茎长超过两英尺，约有 40 片花瓣，预计瓶插寿命为 10 天。工人在剪切“林波舞”时，不只是寻找那些花茎笔直，干净无瑕疵的花，他们还要挑选开得正当时的花。在一些农场，消费者可以从七种“开放阶段”中进行选择，从又小又紧，刚刚一寸多高，可能永远不会开放的花苞开始，一直到近三寸高的半开的花。运气好的话，这种花能在其瓶插寿命中始终保持半开的状态。大多数玫瑰在“开裂”阶段即被采收，在这个阶段，玫瑰开始绽开第一层花瓣。对于大多数玫瑰而言，这应该属于第3开放阶段。“林波舞”的花苞不太像通常的开放阶段，所以要在第6阶段花几乎半开时进行采摘，此时的“林波舞”花瓣已经成熟，颜色也从浅黄变为亮眼的黄绿色。

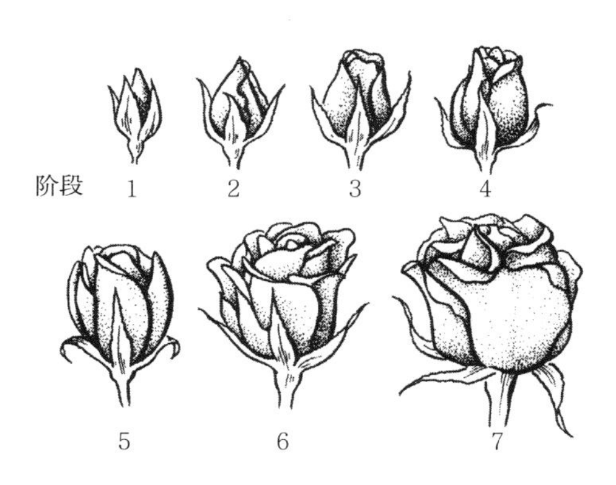

采收后的“林波舞”不会马上放入水中。工人们把几十枝“林波舞”捆扎起来，运到花行末端，堆到一辆金属货车上，松松地包裹在结实的塑料布里，等车装满后便准备离开温室。一个半小时后，沿着温室间的一条泥土路，经过尘土飞扬的短途旅行，这枝“林波舞”将成为当天运进生产车间的上万朵玫瑰中的一员。

花卉农场开工都很早。从早上七点开始一直到下午，一批批新鲜的玫瑰将陆续进入生产区域。当我随着“林波舞”和其他玫瑰从温暖潮湿的温室进入仓库时，我一点准备都没有，生产区域实在太冷了。拉美种植者很强调从玫瑰采收到交货过程中保持“冷藏链”的重要性，而冷藏链就发端于这些寒冷的处理车间。工人们穿着长裤和长袖衣服，套着橡皮围裙、手套和帽子，也许还有口罩，有些人还戴着围巾，穿着毛衣。在这里工作不仅寒冷，还会感到很潮湿。在这种环境中想要保持干燥几乎不可能，因为水泥地面是湿的，玫瑰是湿的，水也到处都是。

首先，会由一名工人剥去“林波舞”茎上靠下生长的叶片。这活儿需要技巧，有些种植者喜欢用一种叫玫瑰剥叶钳的小金属工具，上面有个环形刀片，将玫瑰茎套在中间拉动，从而去除叶片。其他种植者则给工人发放由金属链制成的手套。使用时，先在里面戴上橡皮手套，再套上金属手套，只需抓住玫瑰猛地一拉，就可以撸掉玫瑰叶子。如果上面的叶子或外层花瓣有破损，就要把这些花、叶也去掉。

剥掉叶子后，要按照花朵大小和茎长对花进行分级。大多数农场使用特制的金属架进行测量。工人将玫瑰挂在架子上，用标尺进行丈量，然后根据大小，将玫瑰丢进桶里或放在架子上。这也是第二次检查玫瑰是否受损的机会，要将所有不能出售的玫瑰丢弃。（第一次检查在温室中进行，任何看起来不适合出售的玫瑰会当场被扔进垃圾桶，成为堆肥。）我眼瞅着那些残破的玫瑰被丢入桶中，它们要么是在处理过程中花瓣脱落，要么就是尺寸太小，从农场主的角度，我可以看到，即使鲜花刚被采下来一两个小时，但其利润已经开始减少。这就是为何种植者一直在探寻更温和的采后处理方法，希望找到一种得到可用的花更多、扔到肥堆的花更少的新方式，或者能发现一种可以承受粗暴处理的玫瑰。

“林波舞”经过拣选和分级后，根据发售市场的不同，被包装成20枝一束、30枝一束，或者24枝一束。（欧洲消费者习惯按10的倍数购买玫瑰，美国人则喜欢成打购买玫瑰。渐渐地，食品杂货店和折扣俱乐部等大型零售商开始出售种植者包装好的花束，也就是说将按照5或10的倍数，而非成打或半打地出售玫瑰。在批发商层面，按照常用增量买卖花卉也更方便，因为每枝花的价格将很容易计算。）长茎玫瑰通常被销往欧洲、俄罗斯或美国的高档花店，短茎玫瑰则通常销往美国的杂货店及其他大众市场零售商。

“林波舞”首先被运到批发市场，然后分销给零售花店。它们被包装成20枝一束准备上路。工人们将花朵整齐排列成方形，通常是两排各五朵玫瑰，然后在下面按原样再放置一层玫瑰。因此，当俯视那些打包好的花束时，会看到十朵花仰望着你，另外十朵花整齐而紧密地排放其正下方。两排花之间一般会隔着一层软纸，以保护花瓣。有时候，每个花苞都会被单独裹在包装纸里。花的外面裹着一层印有公司标志的瓦楞纸板，工人们还经常用两个木块将玫瑰挤得更紧，以确保每个包装的大小统一。接下来他们将纸板钉紧，再次修剪枝茎，然后将花束放在传送带上。这时会有另外一名工人再次检查花束，也许会在包装上贴上表明花束最终目的地的条形码，或者再撕去几片杂叶，并将它们放入桶中。

根据种植者、季节以及花卉本身的不同，在对花进行包装之前，有时会增加另外一个步骤。在“林波舞”离开生产车间之前，整束花可能会头朝下被浸入一桶预防灰霉病菌的杀菌剂中——这种霉菌会让玫瑰长出难看的灰褐色斑点。特别是在阴雨天气，当灰霉病菌易于扩散时，这种杀菌方法尤为常见。（厄瓜多尔三到四月时降水量最高，但通常冬季多雨，夏季干燥。）种植者们知道，这些花到达目的地后还要接受检查，他们还清楚，消费者不想要有斑点的玫瑰。由于灰霉病菌可以在玫瑰离开农场后出现，所以种植者不能靠目测去辨识花是否携带有霉菌。即便花朵通过了检查，花商也会摘掉破损或有瑕疵的花瓣和叶子，意味着这些花在跟随消费者回家之前，会经过更多的处理和脱叶。

我眼看着成束的玫瑰先是头朝下浸入杀菌剂桶，然后再倒过来，茎朝下再次浸入杀菌剂。这必定是生产车间中最令人头疼的工作。处理玫瑰的人戴着呼吸式面罩，将花拿到生产车间的另一端进行浸泡，但我们这些人没有口罩，气味闻起来很糟糕。每个种植者都向我们保证，他们已经采取所有必要的预防措施来保护工人，并保证化学品不会污染水源。但要保持水不受污染看似是一个不可能完成的任务。负责浸泡的工人浑身都被杀菌剂湿透了，药剂洒在地板上，并不断从花上滴落。在观察切花产业幕后运作数月以来，我心里第一次对这些花产生了抵触。如果在上市之前，这些艳丽柔软的花瓣必须经过化学品浸泡的话，我可不想再拥有它们。

让我们停下来想想浸泡的问题。虽然在种植过程中会使用更多的化学品，这更大程度上会对工人的健康造成威胁，但最后的杀菌剂浸泡却令消费者感到厌恶。知道你的花在生长过程中被喷药是一回事，想着它们在买到手之前完全被浸泡在杀菌剂中则是另外一回事。一个厄瓜多尔种植者告诉我，他使用了一些不同的杀菌剂来灭菌，其中包括来自拜耳作物科学（Bayer CropScience）的两款产品：Teldor 和 Scala。这些产品专用于喷洒在草莓和葡萄上。值得注意的是，尽管与其他很多农业化学品相比，这些产品被评为低毒性药物（也没有被农药行动网（PAN）认定为“有害化学物质”。如被认定为有害化学物质，则表明此种化学品是已知的地下水污染物，或者通过各种方式对人类有害），但同时，这些产品也没有被制造商或PAN认定为适合用于杀菌剂浸泡。在PAN确定的常用作玫瑰浸泡处理剂的37种产品中，有17种因可能对人类或环境有毒害，而被划分为“有害化学物质”。

我还要提到的是，工人们戴的面具应该是负压式空气净化呼吸器。使用这些呼吸器前，必须对使用者进行适合性测试，如果不是非常合适，呼吸器就不会为使用者提供保护，这实际上比不用面具更糟，因为这样会给人一种安全的错觉，人们会比完全不戴面具时要冒更大的风险。美国大型政府机构难以满足职业安全与健康管理局（OSHA）的适合性测试要求，在当前环境下几乎不可能让所有工人都接受测试。许多杀菌剂浸泡产品在其材料安全数据表上注明了使用面具的建议。但据国际劳工组织的研究显示，只有22%的工人受过正确使用化学品的培训，因此，让呼吸面罩完全适合使用者似乎是不可能的。

“那么……”当看到鲜花被浸入杀菌剂时，我努力装作随意地问一位生产管理人员，“这样浸泡的话，杀菌剂会长时间停留在花上吗？”

“不会。”他说，“时间久了，药剂也就慢慢失效了。它们的剂量很低，不足以对人造成危害。不过——”他朝我亮出一个热情的微笑，“我绝不建议你洗玫瑰花瓣浴。绝不。”

现在是周一下午，“林波舞”已经完成了采收、分级、修剪、浸泡和包装，并装在桶里被运往冷库。接下来的事对其生存至关重要。

经过切割的“林波舞”开始发生一系列生理变化，所有这些都将导致衰老——花朵最终会下垂、枯萎和老化。首先，花的呼吸开始加快，在此过程中，它开始动用糖和碳水化合物等储备能量，将其分解，释放能量、水和二氧化碳。通常情况下，植物利用这些能量产生更多细胞，携带食物到处移动，在整体上保持健康状态。但花被切断后，就要通过加快呼吸帮助伤口愈合。它需要燃烧体内资源以维持生命。事实上，在温暖的温室中切割鲜花也无济于事，在较高温度下，植物的呼吸反而更快。这就是为何种植者急于将花送入寒冷的房间——他们要尽快减缓花的呼吸作用，让其节约资源。

“林波舞”以惊人的速度消耗着体内储存的糖分。碳水化合物的匮乏给花带来了真正的危机，迫使它作出艰难抉择。花的任务是产生种子，有什么能让它放弃这一目标呢？底部叶片的食物供应首先被切断，促使它们枯萎、变黄（因为急需的叶绿素被转移回了植物）和脱落。制造香味的成本太高，所以原本有香味的花也会慢慢变得无味。外层的花瓣开始脱落，而仍在发育的花瓣会长得更小，颜色也更淡，因为原本用于产生色素的能量已被转而用于生成种子。

这些还不是全部。“林波舞”的茎被切断后，它就开始失水。与香豌豆那样脆弱的花相比，像玫瑰这样的木本植物比较不容易受失水的影响，这也是更流行用茎秆粗壮的花卉作为切花的原因之一。植物在蒸腾拉力的作用下失水，在此过程中，水及其从土壤中携带的矿物质，从植物根部被拉到叶片，然后通过上面的气孔蒸发到空气中。（根也会施加向上的压力，将水推进植物，但接下来是由蒸腾拉力完成输水工作，将水输送到叶尖，甚至树顶。）花茎被切断后，蒸腾拉力作用一直在继续，直到切花平时运输水的管道开始吸入空气。管道中的气泡会阻断水流，这就是为什么切花每次离开水哪怕只有几分钟，也必须重新切割茎。

为阻止这一连串的事件发生，种植者需要尽快让花接触水。“林波舞”刚一离开生产车间，便与花束中的其他 19 朵花一起，被投入一种特殊的水溶液。这就是对鲜花进行所谓的“脉冲处理”，这样可以在花离开仓库前，给它们快速提供一次食物。脉冲处理溶液中含有柠檬酸，能降低水的 pH 值，产生酸性溶液，从而可以和消毒剂一起更快地进入花的组织。因为在切割花茎时，也给细菌创造了完美的环境。脉冲溶液中也可能含有糖，这是花的食物，不过有些种植者在进行第一次脉冲处理时会使用无糖的水溶液。对不同植物，糖、消毒剂和柠檬酸的添加比例也不同，但有时对花进行脉冲处理的溶液含糖量高达 20%。这些加强版水溶液并不是为了让花在花瓶中维持生命，这只是一种短期处理。我在厄瓜多尔遇到的大部分种植者喜欢对鲜花进行 12 至 24 小时的脉冲处理，他们将花保存在溶液里，并存储在接近冰点温度的冷库中，戴着厚手套和滑雪面具的工人会照管这些花，并对它们进行分拣和包装。这会给切花的旅程额外增加一天时间，但却是使鲜花为下一段最艰苦的旅程做好准备的唯一方式。

到周二上午，“林波舞”经过了脉冲处理，从水中取出，包裹在塑料套里，然后被装进一个可容纳四到六束花的长方形纸箱里，花朝两头，茎在中间。一名工人将六个这种箱子打成一捆，和当天的其他产品一起堆在货物托盘上。等托盘放满后，便准备把它们装车运离农场。一个堆满货箱的托盘可以容纳 7000 枝玫瑰。即使是家小农场，一天也能装满几个托盘。

接下来就是种植商的事情了。有些人直接用冷藏车将花运到机场。

玫瑰

玫瑰二字总比月季听得更让人触动心弦，这种名为『林波舞玫瑰』的大花茶香月季是切花之王『切花玫瑰』中的一员。如今栽培月季大家族已有近三万种，每年人们还会倾其所能为这个大家族添丁。

其他人则通过货运代理办理业务。货运代理负责将货主委托的货物，连同其他前往同一目的地的货物一起，通过特定运输途径发往目的地国家。还有一些人可能会将花卖给出口商或花束制造商，这些人在把花运离本国之前，会对鲜花进行重新包装，或将其做成花束。不管怎样，鲜花离开农场后，通常就要由其他人来负责了。

每天早上都有几班客机离开基多飞往迈阿密，每个航班的货舱里都可能装着鲜花。航空运输是花卉供应链的主要瓶颈之一：基多市中心过时的小机场建于1960年，根本无法满足乘客或货运公司的需求。在基多城外的小镇，正在修建一座新机场，但在那以前，哥伦比亚种植者都有很大优势。波哥大机场有很多直飞迈阿密和休斯顿的航班，哥伦比亚种植者可以选择用客机运输鲜花，但在降落后必须与其他行李一起卸货，有时是卸在炎热的跑道上，然后被运往独立的货物区。也可以选择用货机运送鲜花，货机会直接飞到机场的货运和检查区。

无论采用哪种方式，到周二晚上，“林波舞”就要搭乘客机离开厄瓜多尔。这只是它成为切花后的第二天，但已经经历了一个漫长旅程。等在花卉农场再多转悠几天后，我的漫长旅途也要结束了。我将与“林波舞”在迈阿密再次相会。

当我离开厄瓜多尔时，我一直想着同行的那些玫瑰。我身边的乘客可能不知道几千朵玫瑰已经与他们的行李一起装入货舱。飞机起飞了，几分钟后，就能透过舷窗看见下面基多的全貌。那些瓦屋顶、哥特式教堂以及崎岖的道路变得模糊不清，只能看见一块一块的物体，错落有致地布满山谷。清晨从客机上向下俯视，很容易会去想这一切是不是在做梦。从天上看，这里就像一座古老的失落之城，一个歪歪扭扭的奇妙手工作品。城市以外，则是绿得不可思议的广袤土地，就像璀璨的宝石，在地面上绝对领略不到它那炫丽的光彩。当飞机朝着迈阿密的方向越飞越高时，依稀可以看到一大片温室在远处闪烁着微光。

第三章　销售

第七节　禁忌之花

我跟着“林波舞”玫瑰一起飞抵迈阿密，直到深夜才安顿下来。第二天早上当我走出旅馆时，看到邦妮·施瑞伯（Bunny Schreiber）在停车场那头一边抽烟一边向我挥手示意。邦妮是迈阿密国际机场货运部的市场专员，她答应带我去了解“林波舞”玫瑰到港后的情况。

我坐上邦妮那辆舒适凌乱的机场专用车，从机场后面绕到货运仓库。“全国88%的进口切花都通过我们机场运送。”邦妮告诉我，“我曾试着根据不同机场接收进口鲜花的数量绘制饼图，但其他机场所占份额几乎小得看不见。因此我选了几家进口鲜花货运量较大的机场，如洛杉矶、波士顿、纽约和芝加哥机场，单独绘出它们的份额，然后将其他机场合并起来算作一份。但基本上我们机场占的份额还是最大。”

还有十天就是情人节了，这里的鲜花货运量正处于顶峰。在情人节前两周，每天有1200万到1500万枝花运抵机场。我知道这段时间在咖啡和节日激情的刺激下，邦妮一直干劲十足，她似乎迫切想找个人聊聊工作感受。吸烟造成的沙哑嗓音以及一本正经的态度，让邦妮显得有点强悍，看起来跟那些在仓库里忙活的男人没啥两样。事实上她很友善，不但像妈妈一样照顾我，还很关心我在迈阿密如何度过剩余的时间。邦妮大部分工作是跟机场工作人员、政府官员、航空公司和进出口商会谈。我见到过她愉快地坐在会场上，努力主持大局。显然她在这儿感到如鱼得水，在又脏又累的国际运输工作中热情高涨。

“现在是段疯狂的时间，”邦妮说，“我们在复活节和逾越节会迎来一轮新高峰。接下来是母亲节，不过那时就没这么疯狂了。知道为什么吗？告诉你，不管你信不信，我们在母亲节发货的鲜花数量远比情人节时多。因为情人节送的除了玫瑰还是玫瑰，而在母亲节，人们会给妈妈送上由不同花搭配起来的花束。常见的有康乃馨、飞燕草和满天星。这样一来，你送给母亲的花就比送给妻子的要多了。此外，情人节大多数人只会送花给一位爱人——我们希望如此吧。而在母亲节，人们可以送花给母亲、岳母、外婆、妻子等，这可需要很多花呐。”我思绪万千，想象着每年5月都有无数飞机满载着孝心之花入境报关。

我们把车停在机场后面的工作人员入口处，邦妮向警卫出示了胸卡。“尽管母亲节到港的鲜花数量更多，但我们在情人节面临的货运压力却更大。”邦妮边说边开车沿着一条空闲的跑道前行。“你要是想给自己的爱人送花，就一定要赶在2月14日那天。要是拖到了2月15日，还是去给她买钻石手镯吧，送玫瑰就来不及啦。但妈妈们只要能收到花就会很开心，甭管是什么时候送的，妈妈们不会太在意。这样我们的压力就会小一些。”

我们经过一座在建的联合航站楼。邦妮告诉我机场亟须扩建。“我们这里航班众多，到上个月为止一共有97条航线。这里有很多拉美的航空公司，其中有些头一天刚入驻，第二天就停业了。”

邦妮对待货物很认真。她曾在港口工作，负责为货运商计算利率和设计路线。“总有航运公司问我：‘怎样才能把货物运到西雅图？’这时我就要按照当地运费标准算出将货物运到铁路需要多少钱，接着还要跟全国各地的货车司机和铁路部门打招呼。我设计好路线，从佛罗里达东岸铁路（FEC）开始发货，货物会抵达诺福克南方铁路（Norfolk Southern）或CSX铁路运输公司辖段，然后到达伯灵顿北方（Burlington Northern）铁路公司辖段。”不知怎的，邦妮把事情描述的挺刺激。“这很有意思，”她说，“但航空运输可比它有趣多了，这是个快节奏的行业。”如今，邦妮与各家航空公司合作，确保飞机和货物能够顺利进出机场。

我们开车沿着隧道从一条使用中的跑道下面穿过，听到飞机在头顶上隆隆作响。“有65%的货物是搭乘货机过来的。这种货机是由保留了基本配置的客机改装而成。”邦妮说，“花儿们也是一样，特别是在旺季。尽管美国航空公司（American Airlines）没有货机。但也同样运送了大量鲜花，都是通过客机底部货舱运输的。这就是为什么规定每位乘客只能随身携带两件行李。因为航空公司需要腾出更大空间来装货物，毕竟货物要付运费。”

我们穿出隧道，开过一片有着纵横交错黄白标志线的机坪。邦妮根据一组组标志线的指示，按照我不知道的一套行车规则在货车和滑行的飞机中穿行。突然她来了个急刹车。“这是条使用中的滑道。”邦妮说。我们停在原地，等着一架飞机从眼前滑行起飞。路对面是一排低矮的水泥建筑，进口花卉及其他鲜活易腐货物下飞机后就被送到这里。“你看到的是我们称为陆侧的地方，”邦妮告诉我，“任何人都能去那儿，你可以看见所有那些供货车装卸货的门。在陆侧，每三个门都对应着空侧的一个门。空侧区域不向公众开放。我们把这些建筑叫作仓库，但这种叫法并不准确。这里其实是个货运中转站。如果物品能够被放在仓库里储存的话，干嘛还要用飞机运送呢？直接用海运就可以了。”

那天早晨，迈阿密天气阴冷。我想象着2月在佛罗里达看到拉美进口鲜花的情形，肯定是一幅绚丽缤纷的多彩美景：无数娇艳的红玫瑰，成百上千朵紫色康乃馨，碧蓝的天空，银白的沙滩，还有粉红色的假日酒店。而现在，我却待在灰黑色的跑道上，旁边是灰突突的仓库，头顶是灰蒙蒙的天空。货机在仓库的空侧降落。就像邦妮所言，这些货机都只保留基本配置，没有公司标识，舷窗挡着遮光板，就像被蒙上了眼睛。我知道应该拍照作记录，但再过几个月我是否还能记起照片里拍的是什么？

我很好奇，不知一个世纪前的种植商是否能想到如今花卉满世界飞的景象。1900年的鲜花是用旧报纸包着，或者放在种植商自制的纸箱里，然后装上马车运到火车站。当时没有什么冷藏措施，种植商们要慎重考虑沿途的天气状况，并且只能运输那些能够耐热抗寒的花。1910 年，一些头脑灵活的种植商用汽车把花卉从温室运到市场。到 1920 年，就开始用快速巴士运送鲜花。接下来冷藏车逐渐担起运输大任，而二战后兴起的航空运输则改变了一切。1944 年出版发行的美国花艺杂志《花商评论》（*Florists' Review*）报道了航空运输为加州种植商带来的新机遇："头天下午采摘鲜花，第二天早上就能运抵纽约或其他东方市场的理念，（为种植商）提供了极其诱人、极具挑战性的市场机遇。"

我脑中浮现出一幅画面：1950 年，一位种植商用潮湿、冷硬的报纸或干冰包裹好自己的花，然后站在机场上看着它们装入飞机底部的货舱。这感觉就像开启了一个新时代，而事实也的确如此。那位种植商可能无法预测他的行为将引发的各种改变。他可能也想象不出一架满载厄瓜多尔玫瑰的飞机停在迈阿密机场的跑道上。

邦妮掐灭烟头，吐出最后一口烟，说道："走吧，我们去看看那些花。"

很多来自拉美的易腐货物都会搭乘晚上的末班飞机。夜晚的冷空气便于货机从高海拔地区起飞，同时降低了货物在炎热跑道上变质的危险。货物通常赶在第二天凌晨 4 点左右到达目的地，10 点钟完成检查，然后就要再次启程。我们到达仓库时差不多快 9 点，而那天早上刚到的绝大部分花卉已经被运离机场了。

我们把车停在仓库空侧，邦妮朝入口处站岗的警卫晃了晃胸卡。有四五架飞机停在一座 U 型建筑周围，货物管理员开着叉车在我们身边穿梭往返，铲起从飞机上卸下的货物托盘运到仓库里。有一架飞机基本被卸空了，邦妮冲那架飞机歪了歪头，紧接着我就跟她登上舷梯，进入机舱。

要是你在电影上见过伞兵跳伞，那么就能大致了解货机内部的样子。机舱前部没有厨房，就是一个开放的空间，里面有带安全带的折叠式座椅供机组人员使用。机舱里没有乘客座位，头顶没有行李架，也没有阅读灯和呼唤乘务员的呼叫按钮。地板由金属和橡胶制成，上面嵌着滚轴，方便货物托盘在上面四处滑动。机身两侧原本是窗户的位置，被看上去像金属板或纤维板的东西遮盖着。机舱顶部除了闪亮的金属箔和日光灯外什么都没有。一个个裹着塑料包装、盖着绳网的鲜花货箱被推出机舱，放到升降梯上运到地面，然后再由叉车司机运走。当货箱从我身旁推过时，我在箱子上看到一些熟悉的名字：埃斯梅拉达农场（Esmeralda Farms），米拉蒙特（Miramonte），弗洛希美（Florimex），伊甸园花卉农场（Eden Floral Farms），等等。箱子另一边写着：新鲜切花。

我们跟着一辆叉车来到中转货棚，在那里花卉被推进冷藏室等待检查。这里的冷藏室跟我在太阳谷见到的那种密封舱不同，它就是一间空调房，里面也没我想的那么冷。如果外面的温度达到华氏70度（约21摄氏度），冷藏室内的温度可能就会接近60度（约15.6摄氏度）。此外，鲜花也不是存放在那里的唯一货物。我们在冷藏室参观时，邦妮边走边念货箱上公司的名字，并说出里面装了什么："海鲈鱼、芦笋、罗非鱼……这里有很多鱼。夏洛特（Charlotte）？噢，这是一种玫瑰。"

离开冷藏室后，邦妮转过身看着我："记住一件事，无论你想做什么，决不能对着检查员拍照。"

“决不能对着检查员拍照。”我重复着。

“他们是国土安全部的人，”邦妮说，“你不能给他们拍照。你可以拍一下检查员手里拿着的花，但仅此而已。”

几年前我就听说过迈阿密机场的花卉检查，这是鲜花供应链上的窄点，是个瓶颈，几乎所有进口鲜花都必须经过这道关卡。花卉检查也给拉美鲜花种植商带来了巨大压力：只要检查员在一朵花上发现了虫子或霉菌，那么整批货要么被处理掉，要么就在机场接受熏蒸消毒，这会增加成本和延误。（有时候，被感染的花叶要送去接受进一步检测，这种情况下货物会被扣留，确保不会有可能对美国农作物造成危害的新病菌侵入。）与进口果蔬不同，作为非食用商品，鲜花不会进行农药残留检测。这就促使种植商大量使用杀虫剂，保证鲜花包装盒里连一只小虫子都不会出现。对于上千名需要在迈阿密机场中转货物的拉美切花种植商而言，他们的目标就是让货物在我曾参观过的那间冷藏室里通过检查。

我原以为检查工作会很复杂，现场能看到穿着白大褂的检查员、闪闪发光的不锈钢工作台、扫描仪、显微镜和传送带……我和邦妮走出冷藏室，来到一个普普通通的仓库区，在那里身穿制服的国土安全部官员排成排站在一张长木桌前。桌上的白漆已经开始剥落，头顶的支架上装着一排双管日光灯。整个地方看上去像是很久以前由几个修理工用废木料做了张齐腰高的桌子，并在上面安了一排照明灯，完全没有花纳税人一分钱去购买豪华的设备。

“就这样吗？”我悄声问邦妮。

她耸耸肩说：“对，这挺管用的。”

检查员都戴着乳胶手套，当鲜花货箱运到检查区，他们会选一两个箱子取样。被选中的箱子从托盘搬到桌子上，由检查员打开——此时跟我们同机抵达的那些淡绿色“林波舞”玫瑰将第一次呼吸到迈阿密的空气。检查员会对着桌面晃动花束，要是有虫子掉出来，那可就不妙了。他们还会检查叶片上是否有霉斑，并确认货箱里没有夹带违禁物品。（邦妮说，自从911事件后，毒品越来越难通过安检，因此现在检查员很少见到夹带毒品的情况了。过去，检查员见过各种偷运毒品的伎俩，甚至连玫瑰花茎都可能被掏空，然后装入可卡因。）

邦妮告诉我，检查员会从每个托盘上抽查2%的货品。“检查玫瑰还算轻松，它们没有多少虫子。但我们将有更多花束运到，其中可能会有满天星，那种花上的虫子才叫多。因此我们要保证花上的标签正确，以便检查员们清楚在检查的是什么花。”邦妮说。

在美国农业部的切花检查手册中，按照原产国划分花的种类，并根据该国常见害虫以及种植者采用的防治病虫害手段，确定该国切花发生虫害的风险等级。例如，产自欧洲的六出花被视作虫害高危花卉，而产自厄瓜多尔的则不是。还有紫菀，产自哥伦比亚的属于虫害高危花卉，产自哥斯达黎加的就不是。各国玫瑰的虫害风险等级都比较低，但泰国兰花的风险等级却很高。根据不同虫害风险等级，检查员对每种花会选择抽检一到两个货箱，然后检查其中25%至100%的内容。有趣的是，尽管很少提到切花上的农药残留对消费者的影响，农业部手册上却有针对检查员的相关安全防护措施，以“指导检查，保护健康”。当检查员闻到刺鼻气味，并怀疑鲜花受过化学处理时，按照手册指示，他们应通风换气，避免在打开的货箱旁大口呼吸，将进口商的标志残余物从货箱中取出，戴上手套，并在处理完问题花卉后将手套丢弃。

很多出口商对如何处理鲜花检查不合格的情况在协议中早有注明。可以把花退回，但这由于费用高昂而很难实施。也可以把花烧掉，或是在机场特设的溴甲烷熏蒸室中进行消毒。“熏蒸消毒需要一个半小时，”邦妮说，“只需把货车倒着开进消毒室，然后连上设备即可。问题是，消过毒后还要再花四小时来通风排气。现在有些货车装着特制的风扇，所以整个过程会加快很多，货车可以较快上路。但这样也确实给运输造成了延误。”

而令人惊讶的是，鲜花不是唯一需要消毒的易腐货物。邦妮告诉我，从秘鲁进口的芦笋通常都要经过熏蒸消毒。她说：“我在天然食品店里见到这些进口芦笋都贴着‘有机免熏蒸利马芦笋’的标签。有一次我试图说服经理，来自利马的芦笋都是经过熏蒸消毒的，但他不信。我告诉他，相信我吧，我太了解这些了。”

我跟着邦妮回到车上，沿着机场边缘朝货物入口开去。入口外面排起了长长的半挂车队，等着装运花卉。其中有不少车身上绘着大幅盛开的百合与玫瑰近照，挂着一幅 20 英尺长的鹦鹉郁金香图片在公路上行驶，会非常吸引人的眼球。这些货车是移动的花卉广告牌，显示出这是个多么庞大的产业。单是一枝花或一束花看上去没什么，但数十辆大货车停在那里，等着把成百上千枝鲜花运到市场上则又是另外一番景象。

情人节前排在机场外的那些货车可以让人对切花行业有更多了解。鲜花离开农场后，不一定遵循由种植商经过出口商、经销商、批发商，最后再到零售商的直线联系。这种分销渠道确实存在，但却不是将鲜花推向市场的唯一途径。例如，在我参观机场那天，来往的货车中有几辆就属于埃斯梅拉达农场。该农场经营鲜花育种和种植，在厄瓜多尔，农场代表曾向我展示过新品种的勿忘我，花瓣纤细柔弱，主要用做配花。此外，埃斯梅拉达农场还自主出口鲜花。他们先将自产的鲜花空运到位于迈阿密的销售中心，然后再出售给全国各地的批发商。还有一些进口商同时经营花束设计。他们在迈阿密做好花束，封套打包后运到花店或杂货店出售。通常，大型连锁商店会跳过所有中间步骤，直接从种植商那里进货。而有些种植商甚至会通过联邦快递直接将花送到消费者手中。

迈阿密拥有美国最主要的港口、机场和自由贸易区，航空、铁路、公路及海上交通便利，依靠现有基础设施可以便捷地运送鲜花。迈阿密机场周围有75家专营鲜花进口的公司。在这座城市里，花卉进口商及相关公司的办公区、仓库和冷藏区总占地面积达140万平方英尺，从业人员超过6000人。

进口的“林波舞”玫瑰如何通过复杂的交易关系到达消费者手中？离开机场后，玫瑰花会陷入由进口商、出口商、货主、经销商、拍卖商、批发商和零售商构成的庞大网络中，谁也不知道接下来这些花会运到哪里。假设要把花运往曼哈顿的批发市场。周一采收鲜花后，于周二装箱货运，周三早晨到达迈阿密。这些花经过脱水处理，24小时在略高于冰点的温度下低温贮藏。机场检查的速度很快，上午10点，鲜切花会被运到迈阿密的一个销售中心。绿玫瑰是抢手货，因此，当天下午“林波舞”就会从迈阿密运往纽约。到达位于纽约第28街花街的批发商手中后，再沿着海岸行驶24小时，“林波舞”将于周五清晨在曼哈顿登台亮相。

批发市场的商店不对外开放，买家须持有零售许可证才能购买商品。一家位于曼哈顿上西区的时尚花店派店员到批发市场寻找新奇有趣的物品，绿玫瑰会吸引店员的目光。周五下午，“林波舞”就将出现在时尚花店。到了周六，花店会把绿玫瑰与同色的绣球菊和浅绿色的罂粟果紧扎成花束售出。花期长的鲜花很受欢迎。消费者购买的鲜花至少可以开上一周，如果细心照料的话，这些花可能会坚持到两周。这意味着“林波舞”从刚采摘下来到最后被丢弃，起码可以存活 21 天。

在高档社区的时尚花店里，一束绿玫瑰配上方形的绿色陶瓷花瓶标价 150 美元。细算一下价格，会发现一枝“林波舞”价值大约 5 美元。每枝花的进价为 1.5 或 2 美元，然后作为高档玫瑰定价售出。而同样的玫瑰自周一离开农场，沿着两边种满桉树的乡间小道，一路尘土飞扬地到达泛美公路，接着被运到厄瓜多尔的首都基多。至此，那些长期辛劳种植并为鲜花做好长途跋涉准备的种植商每枝花能赚 30 美分。另外一些负责采摘、去叶、分级、包装、装车的工人，他们从每枝“林波舞”身上能赚不到 4 美分。

对那些在农场辛勤采收绿玫瑰，每天只赚六七美元的厄瓜多尔工人而言，迈阿密机场好像遥不可及。从基多或波哥大乘飞机过来只需几个钟头，但鲜花抵达迈阿密机场后，就仿若进入另外一个世界。离开机场前，邦妮开车带我到鲜为人知的机场后面参观，那里有面向非客机的海关和移民局。有一座修理厂，厂里的废车场上停着等待零件回收再利用的报废飞机。此外还有飞机清洗站。（“跟洗车差不多。”邦妮兴致勃勃地说，“飞机脏了会导致运营成本升高，所以必须把它清洗干净。”）私人飞机有独立的停机场，全是钢铁和玻璃建筑，就像大机场里面藏着的小机场。一座新建的机场控制塔台正在施工，旁边是个动物收容所，里面关着空运的奶牛、马匹和鸵鸟。还有气流挡板，不时为飞机提供后备动力，以便发动引擎。甚至还有减压室，在飞机起飞前对底部货舱内的货物进行爆炸排查测试。机场内部的工作流程极其复杂，像鲜花这般娇贵的物品能够在满是钢筋水泥和燃油的世界里游走，实在是个奇迹。

邦妮载着我回到货运仓库。这时，所有飞机都已卸完货，仓库几乎空了。我们看着最后几架飞机从仓库空侧滑行离开。“通常一天会有10到12个航班从哥伦比亚飞来，”邦妮告诉我，“情人节前后，每天的航班数量能达到40个左右。想知道为什么这个时候的玫瑰这么贵吗？告诉你吧，每天开来这么多飞机，全部都要空机返回。再说，现在的燃油也不便宜，这些会花掉不少钱。”

邦妮送我回到旅馆后，我问她，像这样每天跟成千上万朵鲜花打交道是否会改变她对花的感觉。邦妮叹了口气，摇摇头说：“我做梦都没想过会见到这么多花。我现在买的花比以前要多得多。但我只在机场周围买花，就在附近的街角，4美元可以买到一打玫瑰。你绝对想不到我买的花有多好，简直棒极了。”

作为鲜花消费者，邦妮·施瑞伯碰巧很了解鲜花的货运流程。然而，她依然与我们大多数人一样，希望花儿们更美丽、更持久。鲜花应该是完美的，不长斑点，没有坏叶，也没有虫子。尽管从来没人提起过，但完美的鲜花意味着要被喷洒农药，在药水里浸泡，以及通过熏蒸消毒灭害。作为消费者，我们不会特别在意季节的变换，我们期望冬天仍能嗅到玫瑰的馨香，秋天也能欣赏郁金香的风采。尽管人们并非有意让哥伦比亚和厄瓜多尔成为花卉种植大国，但消费者对反季节花卉的偏爱促使更多商家通过飞机与货车千里迢迢地从赤道地区运来各种鲜花。

更重要的是价格。虽然花卉种植、运输和销售的相关成本日益上涨，但消费者的心理价位却在不断降低。我家附近的超市里，一束漂亮的"雄狮"玫瑰标价10美元，品质也不错，在我客厅桌上的花瓶里可以开一个多星期。当邦妮说她4块钱就可以买到一束花，每枝花只比成本价贵几便士时，确实让我很心动。我会花更多的钱喝一杯拿铁，过半个小时也就不剩什么了。谁不想用更优惠的价格买到持续时间更久的鲜花呢？

然而，我曾经去过花卉农场，清楚不断追求更低的价格会给整个行业带来多大压力。如果事先知道，曾有位拿着微薄薪水的厄瓜多尔工人戴着简陋的防毒面具朝玫瑰大量喷洒杀虫剂，我是否还愿意购买这些廉价的花束？至少我可以买杯用公平贸易咖啡磨制的拿铁，以稍稍平复自己的内疚之心。在杂货店，我可以购买有机葡萄酒、公平贸易巧克力，以及当地乳品厂生产的无激素牛奶。但摆在收银台旁的一桶桶鲜花却没有标签、没有记号、大同小异，除了价格，根本无法对它们进行比较和选择。

来到迈阿密后，我终于明白为何会出现这种情况。超市里出售的大把花束里可能有厄瓜多尔的玫瑰、哥伦比亚的康乃馨和加州的飞燕草。一枝枝鲜花被打包装箱，乘着货机来到国际机场，在此过程中，鲜花的产地、种植过程、喷洒的药水，以及工人待遇等元素越来越难区分。当鲜花最终到达消费者手上时，已经全无个性，完全淹没在甜香的粉色康乃馨与炽烈的红色大丽花丛中。此刻，各种花挨挤在一起，让我第一次感到它们毫无特点，令人分辨不清。

之前一系列的过程让鲜花丢掉了灵魂。剧毒的杀虫剂和收入低微的工人看上去既不浪漫也不多情。“绿标”花卉认证项目为减少杀虫剂及其他化学物品残留、保护自然环境、保障劳动者健康与权益等建立了标准，为帮助鲜花找回灵魂与纯净带来了希望。但正如厄瓜多尔经济学家诺玛·米娜所说，鲜花一旦来到迈阿密，跟种植者的好坏就没什么关系了。他们都种同样的花，并且这些花无论是有机种植的还是被化学品浇大的，在机场都要接受同样的检查。等到通过检查进入快节奏的花卉贸易链，这些花就要依靠价格、品相及瓶插寿命跟其他花一起同台竞争。

毫无特色的切花让消费者难以辨识。针对这一问题，自20世纪90年代中期，欧洲市场就竞相引入经过认证的切花。各国对于在本国出售的鲜花都建立了自己的认证体系，对世界各地的种植商进行认证。例如，荷兰的观赏植物生产环保项目（MPS），是被欧洲、非洲、亚洲、拉美及美国等多个国家与地区接受和认可的花卉认证标准。约有4500家种植商参与了该认证项目，被荷兰式拍卖的花卉中，有85%的花卉按照MPS的环保标准被评为A、B、C级。

在欧洲其他国家，有一些更知名、更为消费者所熟悉的认证机制与花卉有关。例如，瑞士的公平贸易组织马格斯·哈弗拉尔基金会

（Max Havelaar Foundation）——根据1860年描写荷兰商人剥削咖啡农的荷兰小说中一位富有理想主义和改革思想的人物命名。拥有很多认证的内瓦多玫瑰种植公司（Nevado Ecuador）的创始人，罗伯托·内瓦多（Roberto Nevado）曾这样解释基金会名称的由来："在荷兰和瑞士的学校里，孩子们都会学习关于Max Havelaar公平贸易的知识。因此当用Max Havelaar作为公平贸易标签时，所有人都清楚它的含义。如今在瑞士的商店里，面对不带Max Havelaar标签和带Max Havelaar标签的玫瑰，人们会毫不犹豫地选择后者，哪怕为此要多花一些钱，因为他们知道这标签的意义。"咖啡、茶叶、蜂蜜、食糖、水果和切花等都属于公平贸易标签认证范围。购买Max Havelaar标签产品需要消费者多付一些费用。正如罗伯托所言：这些多出的钱会"直接付给我的工人，而不是给我。工人们可以随心所欲地使用这些钱"。2004年，有8900万枝带Max Havelaar标签的鲜花被售出，约占瑞士所有售出鲜花的三分之一。

英国的公平贸易基金会与之类似。英国的消费者已经习惯去购买带公平贸易标识的咖啡、葡萄酒、巧克力及其他产品。2004年，英国大型连锁超市特易购（Tesco）率先开始出售带公平贸易标签的肯尼亚玫瑰。与瑞士的认证项目一样，英国公平贸易基金会认证范围内的农场工人可以获得额外的补贴，约为商品出口价格的8%，可用于改善住房和教育条件等公共项目。

另外还有一些只在切花产业内部通行的认证项目。例如荷兰的MPS认证，尽管为参加荷兰式拍卖的竞拍者所熟知，但最终将鲜花买回家的消费者对它却不甚了解。是否购买经过MPS认证的切花取决于拍卖人、花店或者连锁超市的选择。德国的花卉标章（FLP）组织一方面吸引更多有社会责任感的商店和批发商出售 FLP 认证花卉，另一方面通过营销手段鼓励消费者购买 FLP 认证花卉，希望借此让买卖双方都能参与认证项目。花卉认证发源于种植商，但远非人们想象中行业为自己制定的那种绵软无力、自说自话的标准。事实上，FLP 是世界上最严苛的标准之一。例如，FLP 要求对临时工和合同工给予相同的权益保障，女工享有 3 个月带薪产假，并要为产后返岗的女工提供独立、卫生的哺乳区。（同时还非常鼓励设立日托中心。）赤道地区的种植商也各自创建了不同的认证标准。肯尼亚花卉协会（KFC）有自己的认证标签；哥伦比亚花卉出口商协会（Asocolflores）创立了 Flor Verde 认证标识；厄瓜多尔花卉出口商协会（Expoflores）则使用 Flor de Ecuador 认证标识。

美国作为世界最大的切花进口国与消费国之一，却是花卉认证队伍中的新手。（德国是世界上首屈一指的切花进口大国，每年要进口超过 10 亿美元的鲜花和绿植。美国位居第二，每年的切花进口批发额约为 7.5 亿美元。但进口数额并不代表一切：如果将国产花卉数量和进口与销售差价等因素都考虑在内，总体上美国的切花销售额是德国的两倍左右。）值得注意的是，那些人均购买花卉最多的国家都有最知名的认证标准。瑞士的人均花卉消费水平最高，每年人均购花支出超过 100 美元。荷兰、德国和英国的人均购花支出为 40 至 60 美元。相比之下，美国的人均购花支出约为 26 美元，并且大多集中在一小部分家庭。在美国，仅有 28% 的家庭经常买花，而德国经常买花的家庭占到 76%。这并不奇怪，尽管在总量上美国算是花卉消费大国，但却迟迟没有引入认证体系。美国大众在花上的投入不大，因此对花卉认证项目的需求也没那么高。

然而，自杰拉尔德·普罗曼（Gerald Prolman）于2001年创建了有机花卉销售网站Organic Bouquet后，情况开始变得不同了。普罗曼在网上销售的花束号称是绿色、有机的。在寻找能够向美国消费者供应生态花卉的认证标准过程中，普罗曼及其他一些花卉种植商和批发商开始与科学认证体系（SCS）合作，建立起一套国家认证标准。SCS为森林管理委员会（Forest Stewardship Council）和海洋管理委员会（Marine Stewardship Council）提供林业产品和海产品认证，同时还为各类农产品提供有机和无农药残留认证服务。如今，SCS致力于为美国境内销售的花卉提供VeriFlora专业认证。

SCS的传媒总监杰夫·斯蒂芬斯（Jeff Stephens）告诉我，SCS开始着手创立美国切花认证体系时，希望能与世界其他认证项目有所不同。“老实说，花卉业在有机技术与研究方面还远比不上其他农林行业，”斯蒂芬斯说，“因此，起初我们并不要求所有花卉都必须是有机的。但我们列出了根据世界卫生组织标准禁止使用的化学品，并要求种植商逐步开始使用一些可用的有机元素。”种植商们要保证，一旦条件允许，就要将非有机作物变为有机作物。

SCS还认为有必要建立起一些质量标准。目前，在美国出售的切花未经过任何质量评估或分级。“我们本来没有打算将质量问题考虑在内，”斯蒂芬斯说，“但不少业内人士都表示在质量管理方面确实有欠缺。”种植商和经销商要提交一份计划，说明如何让花保持新鲜，包括采后处理、冷藏保鲜和瓶插寿命测试等。VeriFlora认证项目的范围还涉及水资源和生态资源保护、废弃物处理，以及包括用工标准在内的社会责任等方面。

在认证过程中，最棘手的是劳工问题。雇主向审计师出示的薪资记录或人事政策，与工人能够自由结社、得到相应的加班费和不暴露于危险的工作场所完全是两码事。国际劳工权利基金会（ILRF）的诺拉·费荷姆（Nora Ferm）指出，VeriFlora认证项目中的劳工标准还有待加强。目前的标准只是要求种植商遵循本国的劳动法。“厄瓜多尔离不开花卉行业，”她说，“这个行业提供了大量工作机会。并且种植园工人的状况比引入认证标准之前已经好多了。但有些认证只要种植商遵守当地法规就予以认可。但种植商原本就应遵纪守法，应该对更深层次的东西进行认证。”ILRF正在审核VeriFlora认证标准，并就如何加强劳工标准提出建议。下阶段VeriFlora认证要通过国家标准认定程序，经美国国家标准协会（ANSI）认可后，成为全国乃至世界通用的行业标准。

这种认可对VeriFlora标准的成功推行至关重要。“现在不只是跟厄瓜多尔那些拥有一亩三分地的玫瑰种植商有关，”斯蒂芬斯告诉我，“我们跟环保分子发起的边缘运动也不同。现在行业里的大公司都开始加入了。”美国大型花卉批发商特拉华谷花店（Delaware Valley Wholesale Florist），还有加拿大最大的花卉经销商之一的赛拉花卉公司（Sierra Flowers）都参加了VeriFlora认证项目。多年来，赛拉花卉一直使用自己的生态环保标签。“我们发现越来越多有社会责任感的种植商培育出了更好的鲜花绿植，”赛拉花卉总裁汤姆·莱克曼（Tom Leckman）说，“2000年，我们决定引进经过百分百认证的花卉。当时我们还没跟有认证的种植商合作，但如今与我们合作的种植商半数以上都经过认证。”这可不是小事。赛拉花卉鼓励种植商接受认证的策略之一，是承诺全年按照固定价格购买花卉，确保他们在转型期间也有稳定收入。汤姆希望未来几年内销售的所有鲜花都能经过认证，其中VeriFlora认证将占据重要地位。“一旦VeriFlora成为ANSI认可的标准，情况就大为不同了，它将成为业内占据主导地位的认证标准。”

没有人比杰拉尔德·普罗曼和他的Organic Bouquet网上花卉公司准备得更充分了。普罗曼40多岁，体格健壮，满头棕发，戴着一副无框眼镜，看上去就是个普通的旧金山湾区商人，跟软件或房产推销员没啥两样。但我从未见过有哪位软件推销员谈到软件时会像普罗曼谈起花时那样兴奋。普罗曼在自己赞助的旧金山可持续花卉园艺研讨会上说道：“走进任何一家星巴克，都能看到它们的社会与环境责任宣传单。现在星巴克一直出售公平贸易咖啡和有机咖啡。从商业角度看，每年有6300万名受过教育、收入较高的消费者，投入2300亿美元购买公益及有机环保产品。我们称之为乐活市场（LOHAS，lifestyles of health and sustainability）。乐活指‘健康和可持续的生活方式’，约30%的美国家庭秉持这种理念。其中有85%的消费者自认是环保主义者，并且乐在其中。”

普罗曼非常了解这个市场。1980年，他创建了天然谷（Made in Nature）食品公司，向各大超市供应有机食品，后于1994年被都乐食品公司收购。2001年，普罗曼又成立了Organic Bouquet公司。普罗曼及其团队希望带VeriFlora标签的花卉能在乐活达人中大卖，正是这个群体带动了食品连锁店开始销售有机食品。

除了Organic Bouquet，出售认证花卉的商店并不多。“花店只是销售渠道中的一个方面，”杰夫·斯蒂芬斯说，“它们仅能部分反映出整个花卉行业多变的特性。更多的花是在超市或网上销售。”像国际花卉速递协会（FTD）这样的在线服务商联盟在销售VeriFlora认证花卉时会遭遇一些困难，除非它能保证所有销售网点都有现货。超市根据自己的进货标准只采购认证花卉，但在销售时可能不会给花贴上标签，因此消费者并不清楚购买的是VeriFlora认证花卉。行业组织接受认证项目的进程也很缓慢。“一些机构对认证问题心存疑惧，”斯蒂芬斯告诉我，“对一个贸易协会而言，接受认证将极具挑战性。他们代表着本协会全体会员，因此对自己的行为非常谨慎。”

截至目前，刚刚起步的VeriFlora项目只为六家种植商颁发了认证证书。我去拜访了其中两家：内瓦多玫瑰种植公司和太阳谷花卉农场。

一个阳光明媚的夏日午后，在旧金山举行的Organic Bouquet花卉研讨会上，我得知太阳谷通过了VeriFlora认证。负责对花卉农场进行VeriFlora认证的审计师迈克尔·凯耶斯（Michael Keyes）没有直接向大家宣布太阳谷获得了认证，相反，他只告诉大家：“我们对包括玫瑰和其他各种花卉种植商在内的近300英亩花卉农场进行了认证评估，昨天决定向一家大型加州农场正式颁发证书。这家农场种植的花卉有百合、鸢尾、郁金香和小苍兰等。”这说的就是太阳谷。

我知道莱恩对有机花卉很感兴趣，他从一开始就支持VeriFlora的理念，并且普罗曼已经说服他为Organic Bouquet供应郁金香。莱恩虽然有点担心，但还是答应了普罗曼。“推广有机郁金香可是件有压力的活儿。”他曾这样对我说。但尝试在继续，如今太阳谷一直定期为Organic Bouquet网店供应郁金香。我拜访太阳谷的时候，莱恩从未提起农场正在接受有机环保认证。我完全有理由相信，太阳谷早就尽量减少使用有毒化学品，我也亲眼见过莱恩是怎样善待手下工人的，而VeriFlora认证让这一切变得更为正规。他将作为提倡环保、关心工人的种植商被记录在案。同其他接受VeriFlora认证的农场一样，莱恩会制订一个过渡计划，逐步减少对化学品的使用，并最终实现完全有机种植。太阳谷是美国最大的切花种植商，因此它的转变影响巨大。

研讨会结束后，我追着迈克尔走进大厅，问他有关认证的事。“我就住在阿克塔附近，”我告诉他，“您提到的那个刚通过认证的百合种植商……”

“没错，”他说，“就是太阳谷。”

他不愿多谈认证过程，毕竟证书刚发下去不久。“其实就是昨天的事，”他说，“但说实话，那家种植商完全符合标准。我们在挑选认证对象时非常严格，因为认证过程费时费力，并且成本高昂。首先种植商必须自愿，我们不想听到有人说：‘好吧，只要告诉我该怎么做就得了。’在我们开始认证之前，他们应该已经有所行动。太阳谷就符合这一要求，莱恩早就在做相关工作了。”

迈克尔在太阳谷花了大量时间走访工人，考察他们的工作。他在农场灌溉系统中安装了监控器，确保工人不会过度浇水和施肥，这不仅浪费资源，还会造成过多的肥料渗入蓄水层或河流。迈克尔查看了所有仓库，检视VeriFlora认证禁止使用的化学品。

“我们查出了一些东西，”迈克尔告诉我，“我把所有员工召集到莱恩的办公室，告诉他们，我们在仓库里查出了一些连莱恩自己都不知道的化学品。‘我们很多年没用过这些东西了。’莱恩辩解道。我说：‘那么现在你必须把它们丢掉。’此外，我还发现农场存在个别过度浇水或施肥的现象。我告诉了莱恩，他问：‘你的意思是我们花了一些不该花的钱？’我说：‘是的，你们就是在浪费钱。’然后整件事情就结束了。”

他抽出胳膊底下的文件夹打开来，“看看这个。”他抽出一沓洪堡县危险废弃物处理中心的收据，“这些人都很认真。这里有一份太阳谷仓库所有违禁化学残留物的单据。他们把这些残留物都处理了。甚至还有这个——”迈克尔给我看了一张仓库里摆着空架子的照片。我们都笑起来，要证明你没有什么可不容易，但很明显，莱恩做了他所能想到的一切。

迈克尔讲述的通过减少用水和施肥帮助莱恩节约成本的事例，说明了一个令人惊讶的事实：认证花卉让种植商更加有利可图。化学药剂的毒性越大，危害也就越大，对于那些受严格法规管控的加州种植商而言更是如此。首先，化学药剂都很昂贵，并且每当虫子和细菌对一种药剂产生抗药性时，就不得不用另外一种更新通常也更贵的药剂来替代。使用化学药剂需要进行报告和跟踪记录。此外，种植商还必须额外支付工人的保护费用，用于购买防护装备、进行特殊培训等，并且工人在喷洒农药后，等待返回温室的时间也更久。尽管认证所要求的善待工人的举措初看起来增加了成本，但带薪产假、福利奖金、设立学校和日托中心将带来更高的生产率和更低的人员流动率，从而使种植商获得更大回报。种植商希望消费者能愿意花更多的钱购买认证花卉，但即便消费者不愿意，他们也有办法获利。需要克服的一大障碍是，有很多种植商都认为根本找不到可行的有机替代品。

帕梅拉·马罗内（Pamela Marrone）拥有一家叫 AgraQuest 的公司，专为有机种植商提供生物农药。“有些种植商只关注产品价格，”马罗内告诉我，“与化学农药比，我们的产品在价格上属于中高档范围，但却能节约大量人力成本。”

马罗内的公司收集并记录可能有杀虫或灭菌功能的微生物。“我创办这家公司时，从没想过农场工人、经销商，甚至大学研究人员会不接受生物农药。我原以为这没啥好纠结的。但的确有人认为生物农药不管用，就是骗人的东西。值得注意的是，大部分给人用的药物都源于天然。例如阿司匹林就是从树皮中提取的。还有洋地黄、抗疟药物和抗生素，都含有天然成分。”

当然，天然成分也有好有坏。中国、希腊和罗马的种植者使用的剧毒农药中就含有矿物砷。早在 300 年前，氧化砷被用作灭蚁药，并一直沿用至今。一些有机技术同样具有悠久历史——中国很早就引进了一种除虫菊，现在其提取物被广泛用于有机农药制剂。希腊和罗马的种植者则用硫磺作为农药原料，这类药的毒性相对较小，现在仍被用来抑制紫菀、菊花等花卉的白粉病。

19 世纪，花农们开始建造大型温室，并寻求更简便的杀虫方法。他们又开始使用含砷药剂。当时常用的一种杀虫剂俗称“巴黎绿”，这是种翠绿色有毒粉末，也可用在涂料、墙纸和织物中做颜料。那个时期，几乎没人知道在温室或家里使用这种物质会有多致命。如果颜料在潮湿的天气中霉变，霉菌就可能与巴黎绿发生反应，释放出有害气体。这种气体毒性很大，甚至有历史学家推测，拿破仑并非像医生说的那样死于胃癌，长期接触家中壁纸散发出的有毒气体才是其真正死因。种植者到处滥用巴黎绿，不仅用它来给花卉和农作物喷药，还洒在湖泊和池塘中杀蚊灭蝇。

最后到了二战时期，早期的砷化物药剂逐渐被新发明的合成化学品所取代。这些合成化学品帮种植者解决了不少虫害问题，但却造成了新的健康和环境危害。1939年，杀虫药"滴滴涕"问世，后来因涉嫌造成大批鸟类死亡，到1972年时在美国被禁止使用。有机磷最初在二战中被用作神经性毒剂，至今仍作为杀虫剂在使用（马拉息昂（malathion）就是一种常见的有机磷农药），但由于对人体毒害极大而受到越来越多的批评。一些种植者开始意识到使用农用化学品的高昂成本，包括购置防护装备、特殊培训、监管、记录、更新替换已产生抗药性的农药、公众的反对以及给人类和环境所带来的危害等，已远大于其所带来的收益。

因此，马罗内的研究团队不停地探索。他们翻搅肥料堆，从树皮上刮取霉菌，寻找可以用于新一代有机产品的生物体。为了找到合适的生物体，AgraQuest公司记录并测试了超过2.3万种不同的微生物。"我们最早的产品Serenade杀菌剂是种枯草芽孢杆菌制剂，我们在弗雷斯诺的一个桃园里发现了这种细菌。"马罗内说，"一位农场投资人给我们打电话说，'我的果园里从未出现过褐腐病。'于是我们去那里采集了果树下的土壤样本。回到实验室后，我将样本放入培养皿，发现培养皿中其他微生物都避开了，在样本周围形成了大片的抑菌圈。经研究，样本中的细菌能够产生具有杀菌作用的脂肽类抗生素。这种杀菌剂被销往15个国家，并将很快被用于哥伦比亚和厄瓜多尔地区的鲜花种植。”

马罗内惊讶地得知，无论在种植过程中还是采摘后，杀虫剂在切花产业中的应用竟如此广泛：“我没想到种植商会把切花浸泡在杀菌剂中，直到有客户问我们该如何操作。当时我想，‘他们真的会浸泡那些花吗？’后来我们就在产品标签上添加了浸泡指南。”

AgraQuest公司开发出一种抗葡萄孢属真菌熏蒸剂，用于预防切花在采收运输过程中发生灰霉病。玫瑰刚装箱时看起来完好无损，但霉菌却在不断繁殖，当消费者拿到花时，花瓣上可能就会出现难看的灰褐色斑点。为防止此类现象发生，AgraQuest公司研制出一种叫Arabesque的熏蒸剂。这种熏蒸剂由一种新发现的真菌制成，这种真菌生长在洪都拉斯的一株肉桂树树皮上。这种真菌遇水会释放气体，从而产生很好的熏蒸效果。马罗内公司的研究人员将真菌装入茶包，发现如果把打湿的茶包放入盛放鲜花的盒里，在整个运输途中，真菌释放出的气体可以将花上的虫子和霉菌都杀死。

这些产品不仅仅适用于严格的有机种植商。轮换使用生物杀虫剂和化学喷剂，可以减缓微生物和害虫抗药性的产生速度，减少化学农药的使用频率，延长种植者更换新农药的周期。但不管怎样用药，马罗内很快指出，有机农业并不只是简单地给作物喷洒不同的药剂。工人必须接受培训，学习如何尽早发现问题，在病虫害大规模蔓延之前就做好防治。“种植商告诉我们，他们会先让工人在有机作物上试操作，如果可行的话，就将用于传统作物。这涉及大量的管理问题，把生物制剂当作万不得已的手段，跟每周喷一次化学农药可大不相同。”

使用生物杀虫剂还有一个好处——它们可以一直用到作物收获之

时，而不会留下有害残留物。“当然，对水果蔬菜而言这是个更大的问题，”马罗内说，“人们不会吃花，但当消费者得知买回家的花上残留了各种化学品，并且会被吸入体内时，他们将意识到有机花卉才是最佳选择。”

我回想起在迈阿密见到的无数进口花卉涌入美国的情景。一方面是像太阳谷这样的大型本土种植商获得绿色标签认证，并开始向全食超市（Whole Foods）或乔氏超市（Trader Joe's）等专营绿色有机产品的环保零售商供应产品。但那么多来自拉美地区的鲜花又将如何是好？在花店，红玫瑰就是红玫瑰，你根本不知道自己买的是三天前刚采摘的内瓦多公司种植的“青春永驻”。消费者本来就对花卉品种知之甚少，又怎会了解或关心购买的是不是认证花卉呢？如果是这样的话，拉美种植商为何要费心费力地为美国市场供应认证花卉？

简单说来，厄瓜多尔或哥伦比亚的认证种植商会为了满足市场需求，向瑞士供应 Max Havelaar 认证花卉，向荷兰供应 MPS 认证花卉。但有比盲目的市场经济更强大的力量在起作用。我所见过的认证种植商从最开始就致力于推行更环保、更利于维护工人权益的举措，而认证项目不过是对他们的所作所为给出一个正式的说法。赫尔南·奇里波加（Hernan Chiriboga）在厄瓜多尔经营一家叫拉潘帕有机花园（Biogarden La Pampa）的玫瑰农场。他说：“我们一直在做相关工作。我们重视生态保护，希望成为有机种植者。杰拉尔德·普罗曼找到我们，询问是否愿意让他帮忙联系能够进行有机认证的机构。我同意了。我们做了一些小小的改进，然后就成为了当地第一家有机玫瑰种植商。”

在一次 Organic Bouquet 研讨会的发言中，赫尔南阐述了自己种植有机玫瑰的动机。在我们看完劳工权益和环保团体代表播放的有关花卉农场恶劣环境的幻灯片后，赫尔南打开了另外一张幻灯片，上面是一个小女孩站在一排玫瑰花丛旁。“这不是童工，”他对略显不安的观众解释道，“她是我孙女。我们住在农场上，自然希望能创造最好的条件。我们会和工人一起在良好的环境中生活。”

“我们拥有三项认证。”赫尔南继续说，“首先是美国农业部颁发的有机认证，接着是一项允许我们在欧洲市场销售有机玫瑰的德国认证，第三项认证则来自大自然。”他打开一张幻灯片，上面显示出一个筑在温室玫瑰花丛里的鸟巢，里面有两只浅蓝色的小鸟蛋。“有一只小鸟在我们的一丛玫瑰里安了家。这个小家伙的到来说明我们做的事情很正确。它本能地知道这里没有危险。那些小鸟就出生在种植园里，没人照顾它们，同样也没人会伤害它们。”

“这不是个简单的工作，”赫尔南最后说道，“每当农场出现问题，都要花很长时间用有机手段来解决。如果产品有问题，我们就必须处理掉那些不符合出口标准的玫瑰。”像拉潘帕这样的有机种植商，被修剪或丢弃的出现早期病虫害迹象的玫瑰可能占其全部产品的30%~40%。我想起莱恩谈到有机郁金香时的说法——这确实是个有压力的活儿。

厄瓜多尔的内瓦多玫瑰种植公司申请 VeriFlora 认证时，我恰巧就在那里。内瓦多公司位于基多南面的科托帕希省，那里有终年冰雪覆盖的科托帕希火山，海拔19,000多英尺，巍然耸立在地平线上。这里有广阔的平原，肥沃的土地，以及来自乡村和省会拉塔昆加的丰富劳动力，使这片区域成为继卡扬贝之后的第二大花卉种植基地。

内瓦多公司自称经营的是“良心玫瑰”，其外墙上挂着的各种环保标识也证明了这点。内瓦多公司拥有瑞士、德国、荷兰、厄瓜多尔以及美国VeriFlora等多个项目的认证，其目标是成为世界上获得认证最多的种植商。每当一个新的环保项目出现，内瓦多公司就会尽力获得认证。要满足不同国家的标准要求并不容易，仅是准备文书和接受检查就够让人头疼的。但内瓦多公司却做到了，在它厂房外面长长的白色煤砖墙上，挂满了认证项目的标识。

起初令我感到惊讶的是，这个世界上获认证最多的花卉种植园看起来竟然跟其他农场没什么两样。同样都是成排的温室大棚，比人还高的玫瑰植株，收音机里的流行音乐震天响（一些种植商认为特定的音乐能够促进植物生长。但大多数人都觉得帮助植物生长的最佳办法是播放工人喜欢的音乐）。有几个温室里种着水培玫瑰，整个厄瓜多尔我只在这里见过这个品种。但总的说来，内瓦多公司的农场跟周围其他农场并无太大区别。在厂房里，我好奇地发现除了橡胶围裙和手套，工人们几乎没什么防护装备。一位经理笑着向我解释：“我们很少使用化学品，就不需要太多防护。”这时我才明白，正是在看不见的地方让一切变得大不相同。他们不去做的事情跟正在做的事情同样重要。

毒性较小的杀虫剂可以让工人返回温室的间隔时间大为缩短，细心的管理可以减少浸泡药水的玫瑰数量，即便确实需要浸泡，也尽量选择毒性最小的杀菌剂。与其他高端种植商一样，内瓦多公司的花棚里，每英亩种植的花卉数量不超过 2.8 万株，这样有利于空气流通，并且可以更好地照料每一株花。此外，他们的玫瑰种类不超过 35 种，但在其中我发现了很多新爱宠。这里有橙绿色的“林波舞”，粉、白、绿三色混杂的“埃斯佩兰斯”，以及花瓣上带暗红色斑纹的“红色直觉”（Red Intuition）。

“红色直觉”是美国少见的顶级玫瑰的最佳典范。这种玫瑰的花朵硕大，有着几近笔直的 5 英尺高的茎。在内瓦多公司，这些玫瑰被装在坚固的玻璃落地大花瓶中供人参观，而这也是唯一能展示它们的方式。除了宴会厅，很难想象有哪个房间能大到足以容纳这么一束花摆在桌子上。

这些花会被销往俄罗斯，那里有此类高档玫瑰的消费市场。（内瓦多公司约 30% 的玫瑰被销往俄罗斯，其余的几乎都销往欧洲。）在美国，没人知道该如何摆弄它们，我自己也是后来才搞明白。内瓦多公司为旧金山的 Organic Bouquets 花卉研讨会提供了一些这种玫瑰，当时在研讨会的讲台两边都摆放着玻璃落地大花瓶，里面插着高得不可思议的“红色直觉”。活动结束后，我拿着一枝玫瑰走过渡轮大厦，这里是湾区的购物中心，里面有农贸市场和一些高档商店，包括一个鱼子酱酒吧和一家蘑菇店。我搂着玫瑰，把它举起来，以免拖在地上，使得这花看起来就和我差不多高。我从来没有受到大家如此多的关注。人们毫不掩饰他们的惊奇。坐在咖啡馆里的人转过身来指指点点，我没走几步，就会有人拦住我问这花的来路。“厄瓜多尔。”我回答道。其实倒不如说它来自月球，这花的大小、颜色、产地，还有林林总总的认证，让它从头到脚都充满了异域风情。

按照商业玫瑰种植标准，内瓦多公司规模并不大，其农场占地仅约 75 英亩，年产玫瑰 2000 万枝，其中有 200 万枝销往美国市场。公司只有 400 名员工，全都享有各种认证所规定享受的保护和福利。这意味着，他们有权成立组织，有权表达不满，并且在避免接触农药、受到骚扰和强迫加班等方面可以得到额外保护。公司严禁通过分包商雇用工人，以确保工人能够积累资历，并立即被纳入厄瓜多尔的社会保险体系，为他们提供退休金、遗属津贴和工伤赔偿。农场上约三分之二的工人都住得很近，可以通过步行或骑车上班。公司还提供午餐、公共活动室、医疗和儿童保健项目。来自 Max Havelaar 认证项目的额外费用足以让工人们在村里开一家网吧。

这些基本的便利设施对美国工人而言可能不算什么，但内瓦多公司正努力在这个群体中成为优秀的雇主，并让工人持有公司股份，使他们在这个需要默默耕耘的行业里找到自我认同感。每束出售的内瓦多玫瑰的套筒里都贴有一张标签，上面写着“内瓦多玫瑰种植公司，良心玫瑰”。下面写着“由________手工制作”，中间留有空格，包花的女工会填上自己的名字。通过这些贴纸，每个女工都可以在玫瑰走向世界之前，在上面留下自己的印记。贴纸上的名字说明了由谁生产采收玫瑰，并要对这些花负责。我不知道是谁缝制了我身上的蓝色牛仔裤，是谁组装了我用的键盘，但却知道那位捆扎好玫瑰，并将它送到我手上的女工的名字，这让广阔的花卉市场变得更小，联系也更紧密。这就是内瓦多公司希望通过玫瑰来表达的心意。

绿色标签项目也不是没有批评者。费莉希蒂·劳伦斯（Felicity Lawrence），《卫报》（*Guardian*）消费者事务的通讯记者，在2005年3月5日一篇名为《为什么我不给母亲送上公平贸易花卉》（*Why I Won't Be Giving My Mother Fairtrade Flowers*）的文章中得罪了一些人。她在文中声称，当对花的需求随着节日来去而急剧变化时，即使是经过认证的农场也很难保持很高的用工标准，例如避免强制加班。她还提道："每个人肯定在同一天都收到了同样的鲜花礼物。"她批评公平贸易基金会给予一家大型农场认证，因为该农场雇用了"一大群聚居在棚户区的移民，他们因在园艺公司工作而深陷此地"，她说：这样的环境"不是那些付出了公平贸易溢价的消费者所期望见到的村庄"。她不知道为什么消费者要为工人支付更多费用，以使其拥有"体面的住房、合理的工作时间和足够的工资"，而这笔费用理应由收入颇丰的种植大户承担。"如果我们不注意，"她强调，"就会发现，需要表现得体的负担被扔回给了消费者。我们将面临两种选择，一边是摆满昂贵商品，只有足够富有的人才能带着道德感去采购的货架；另一边则是摆着不顾工人权益生产出的廉价商品，供那些不在意或无钱在意的人选择的货架。"

公平贸易基金会回应，即使是在需求高峰期，农场也必须严格遵守工作时间的限制，并指出，在大型农场的工人应该得到与小农场同样的保障。此外，消费者为公平贸易产品所支付的额外费用将直接回馈给工人，而不是返还给农场主，去抵消他们为提供良好的工作条件和补偿所付出的成本。

同样，也不是所有种植者都紧跟绿色标签的潮流。代表加州种植者的加州切花委员会（California Cut Flower Commission）前任会长李·墨菲（Lee Murphy）告诉我，用有机方法种出品相完美的花卉几乎是不可能的，那些种植者将部分生产力投入有机花卉的举动是出于一种“营销策略”。当我问他究竟有多少会员种植有机花卉时，他说：“大部分有机花卉是爸爸妈妈们种植的……他们会到田间驱赶害虫。”

他继续说：“我们用的化学药品是良性的，很安全，用它很难杀死害虫，又怎么会杀死人呢？我们一直在说甲基溴农药，但要是有人递给我一个甲基溴汉堡，我就会吃掉它……人们一直在说农药如何危险，但只有有了农药，世界上才会有安全的食品供应。”[1] 墨菲似乎将环境限制视为障碍，使加州种植者相对于受限制较少的拉美种植者，处于不公平的劣势。“如果玫瑰被晚割了两小时，40 美分的玫瑰便会跌到 10 美分，因为花苞已经裂得太开，无法运输。”他说，“使用化学品后，原本要过 48 小时才能再次进入温室，但现在工人不得不一天进去两次，否则就只能扔掉这些作物……因此，在过去的四年里，我们这个行业一直没有严格照章办事。如果有需要，种植商们也不得不违规采收玫瑰。”

墨菲告诉我，他更赞成为完善工人防护装备制定标准，这可以缩短工人返回温室的间隔时间。与此同时，他还主张进行农药残留检测，这样能让消费者知道，加州的鲜花比拉丁美洲的鲜花有更少的化学品残留。这一观点使他与美国花商协会出现了分歧，该协会代表了销售拉美花卉和国产花卉的零售商。

1 —— 此处为夸张的说法。甲基溴是一种毒性较强的农药，一般被用作熏蒸剂。

“彼得·莫兰供职于美国花商协会，我一直把他当朋友，”墨菲说，“但当我们推行农药残留检测时，美国花商协会说，‘不，你们不能这样做，因为这样会表明我们有问题。’我们不得不作罢。”

最近，《环境杂志》(*The Environmental Magazine*)引用莫兰的话，表示美国花商协会对VeriFlora及其他绿色标签项目不发表看法。“我没有发现你们从报纸上读到的那些关于花卉农场的问题，”杂志引用他的话说，“你不会食用鲜花，它们与食品不同。”他所代表的零售商似乎也没有主动向消费者出售经过认证的鲜花。我问了几十个花商，是否有消费者曾经想要购买有机花卉，或者想知道所买的鲜花来自何处，但没有一个花商记得有消费者提出过这样的问题。如果确实有人问起，大部分花商将不得不承认，他们根本没有有机花卉存货。

具有讽刺意味的是，美国市场上大部分经过认证的花卉，将出售给不清楚自己究竟买的是何物的消费者。像全食超市这样的零售商会替消费者做决定，从满足公司采购标准的种植者手中购买鲜花。消费者可能会考虑，在倡导生态环保的杂货店里出售的鲜花也许更具有社会和环境友好性，但在大多数情况下，他们会选择一束艳丽的郁金香或玫瑰花，因为它们很美，或者因为它们与宴会格调很搭，或者它们能取悦朋友，或者在他们无以言表时，可以用这些花来道歉或示爱。

人们对鲜花的需求各式各样，凡此种种，其中还有对工人安全和环境保护的承诺。但我从花上只学到一件事，那便是它们远比看起来要强悍。总有一朵花能够满足你所有要求。这正是花卉产业带给我们的。我知道有一个地方，在那里可以看到育种者和种植者为了尽力满足我们的需求对花的做出的各种行为。我又踏上了前往著名的荷兰式花卉拍卖的旅途。

第八节　荷兰式拍卖

凌晨5点，我在阿姆斯特丹酒店的房间里醒来，盯着天花板出神。外面，租给那些醉酒后吵吵闹闹的大学生的运河船刚刚趋于平静。这个城市的人习惯晚起。我穿好衣服，轻快地穿过大厅，以免吵醒睡在一楼的旅馆老板，然后走进黑暗空旷的街道。去巴士站路上的咖啡馆要再过几个小时才会开门，虽然我很想喝杯咖啡，但我了解他们的习惯，他们不会在天亮前开门营业。但实际上，如果你想去见花卉贸易中的人，这会儿就必须起床了。即便如此，当你终于在早晨六七点时赶到约见地点，被突如其来的晨光晃得睁不开眼，并努力回想当初为何会安排这次会面时，你所约见的人看起来已经很不耐烦，仿佛半天都被浪费了。

我正要去阿斯米尔观看著名的荷兰式花卉拍卖。这是一种举世闻名的高科技、高速率的花卉销售方式。它的起源很普通：1911年，在阿姆斯特丹郊外的一间咖啡厅，一群种植者想出了一个主意，要通过举行拍卖来加强对鲜花定价和销售的控制。他们称之为布罗门路斯特拍卖。不久之后，附近就出现了另外一家拍卖市场与之竞争——各地花卉市场的历史都是这样一而二，二而三地发展——每天拍卖结束后，鲜花会被堆在自行车或船上，沿着荷兰狭窄的运河，以及更窄的街道递送。街头摊贩乘火车而来，然后带着他们的商品又乘火车回去。当卡车开始流行时，秉持荷兰传统的平均主义，卡车被两家拍卖市场共同拥有。这种局面一直持续到1968年，两家拍卖市场共同繁荣，并最终合二为一，成为今天闻名遐迩的阿斯米尔花卉拍卖市场（Bloemenveiling Aalsmeer)，它是荷兰全年运营的几个主要花卉拍卖市场中规模最大的一个。

开往阿斯米尔的巴士载着我在阿姆斯特丹门窗紧闭的寂静街道上穿行，一路向南，驶过机场。世界似乎开始慢慢苏醒，沿途经过了许多满载鲜花、往返于拍卖场的卡车，其中一些车上绘着曾在迈阿密见过的同一家种植者和批发商的标志。在离开农场之后，插入桌上花瓶里之前，鲜花的下一段生命历程以其持久性和复杂性著称。花儿们要在各种仓库、机场、拍卖会和批发市场中折腾一周，经过这场筋疲力尽的旅程，它们看起来仍如刚采摘时那样新鲜。

拍卖场彰显出销往欧洲和美国的鲜花之间一个主要区别。我在迈阿密见到的那些花卉会同时发往许多地方：它们将乘货车、火车和飞机运往批发市场、配送中心、花束制造商、零售商，甚至被直接送到消费者手中。美国没有独立而集中的花卉市场。与之相反，当花卉抵达阿姆斯特丹城外的史基浦机场——这是欧洲进口花卉的主要入境港，它们几乎全部要被运往阿斯米尔。那里是花卉贸易的中心，大部分在欧洲市场出售的鲜花，还有销往俄罗斯、中国、日本乃至美国的部分商品都在那儿进行交易。（只有约2.5亿枝鲜花，或占荷兰式拍卖销售量5%的切花被销往美国，仅占美国当地鲜花购买量的6%多一点。）参加拍卖的鲜花来自肯尼亚、津巴布韦、以色列、哥伦比亚、厄瓜多尔及欧洲的一些国家，这使得这里成为全球花卉产业大部分鲜花的中转站。世界各地的花卉市场都紧盯荷兰式拍卖，将其视为花卉贸易的火车头，为世界花卉市场设定价格和标准。沿着一朵鲜花投放市场的轨迹一路追踪，最终将会来到这里。

当巴士到达拍卖场公众入口处的大型环形车道时，一天其实已经过半。鲜花和绿植从半夜就开始陆续抵达，并在黎明之前开始叫价出售。我走下巴士，恰逢花市最忙碌的时段：卡车呼啸而过，人们从拍卖场的一头跑到另一头，上午的太阳明亮耀眼。这个地方在阿斯米尔小镇俨然是个庞然大物，拥有两万人口的小镇，就有一万人在拍卖场工作。这里占地近450英亩，比迪士尼世界的魔幻王国和未来世界主题乐园加起来还要大。事实上，拍卖场就像一座不眠不休的城市，它不只是一个拍卖市场，同时还是一个区域分销中心。在阿斯米尔，所有主要的种植者和批发商都设有办事处，也许还有仓库和货运码头。世界上有20%的切花在此销售，还有大约一半的切花经由荷兰式拍卖系统供应市场。

娜塔莎·范·德·波尔德（Natascha Van de Polder）同意带我四处转转，并给我引介几位投标商和供应商。她在花团锦簇的明亮大厅里与我碰面，并带我来到架设在仓库高空的参观走廊，拍卖大厅里，装在推车上的鲜花正排成行静候拍卖。带人在拍卖会的地面穿行非常困难，装有花卉的推车飞快地穿梭往返，不可避免地要与满托盘的郁金香擦身而过，特别是每年还会有十万游客前来观看这里的盛景，因此，我们主要从空中走廊观望整个拍卖场。就连四面都是玻璃窗的拍卖厅也被设计成让人远离仓库地面的样式，就像大学里的阶梯教室，地面上有一个花卉出入口，参观走廊处则有专门的投标人出入口。拍卖厅逐级向下倾斜至仓库地板位置，投标人从房间后面的最高处走进来，坐在一排排桌子前，俯视鲜花，然后竞标。

很难形容这个地方到底有多大。俯望下去，我能分辨出每辆花卉推车的轮廓，通常一辆车上有三个架子，每个架子上摞着九箱鲜花，但从这么远的距离，鲜花呈现出一团团模糊的红色或粉色。就像从空中看航站楼，一切事物都按着某种最初很难看出来的规则在井然有序地高速运转，不断地来来去去，有些事物相互之间有关联，有些则没有。切花销售系统远比我想象的要更复杂、更令人费解。每天有 1900 万株鲜花经由这个系统流向市场。

我与娜塔莎站在参观走廊上，看着推车进入拍卖厅，然后再迂回而出，推往货运码头，在那里对花卉进行分选和包装。进入迈阿密的花卉在到达目的地之前会一直待在箱子里，与之不同的是，这里的花都去掉了托盘，从货箱中取出，被泡在带拍卖会标志的结实的方形白色水桶中。每片花瓣和叶子都显露无遗，这使得这些花看起来更娇弱，不像普通货物。我几乎能想象出这些花各自的命运。这里有数百万枝鲜花，代表着欢庆和良好祝愿，也许还有浪漫，或是歉意和遗憾。这些花最终被人带回家时，会被用在何处？它们要帮忙弥补什么错误？它们要去取悦或吸引什么人？

娜塔莎对下面不断涌动的花海熟视无睹。“介意我抽根烟吗？”她一边伸手到夹克口袋里取打火机，一边用带着浓重的荷兰口音的英语询问我。

“这会不会对花有影响？”我问。正下方，成千上万的黄色和橙色向日葵正在拍卖时钟前等着上场。它们似乎不太适合抽二手烟。

她笑了起来。愚蠢的美国人。“哦，花没有鼻子，所以不会有问题。”她说。

轮到向日葵上拍卖场了。每辆推车上都载着约300枝向日葵，装在箱子或桶里，颠簸着推向最近的拍卖厅，一大群批发商正等着投标。这是当天等待拍卖的最后一批向日葵了。我越过占地约6.5英亩的仓库大厅向外眺望。远处的空气中飘着一层蓝色的薄雾。我意识到，自我到达阿斯米尔后，还从未闻过花香。要是说这地方有什么气味，就只能闻到淡淡的仓库味儿：水泥地板、纸箱、汽车尾气以及香烟烟雾。

“没什么，”我告诉娜塔莎，“抽吧。”

娜塔莎在拍卖行干了约十年。她负责质量监督检查，在管理办公室从事案头工作，过去一两年间，她一直为这个世界上最大的花店处理公共关系。这工作似乎很不平凡，让人一天到头都无法抽身。当我们沿着参观走廊漫步时，我问她会不会经常带花回家。

“不会。”她说。

就是这样。她英语不错，但并不完美，而我根本不会说荷兰语，所以我想，也许她没听懂问题。“真的吗？”我又问，“你不会时常为家人带束花回去吗？”

“不会。”她重复道，“我前夫是这儿的买家。我们在一起的时候，他会带给我很多花！所有旧东西他都会带回家。”

“你厌倦收到鲜花了吗？”我问。

“相当厌倦。屋子里到处都是花，真令人难以置信。”

六出花

如飞舞的蝴蝶一般的六出花，来自于南美洲安第斯山的山巅。1754 年英国人首次将这种新大陆植物引种到英国。20 世纪 50 年代，荷兰人开始把六出花当作观赏切花商品。作为切花，它算不上是很流行的品种。

我试图附和这一观点，丈夫送给妻子的花可能有点太多了。“我猜他是不是把免费得到的花拿给了你，这可不一样。”我说。

“对，”她说，“这很讨厌。这样一点儿都不美好。”

娜塔莎没有主动透露关于她为何离婚的任何信息，我也没问，但我忍不住会想，我是否无意中发现了第一个有记录的鲜花实际上破坏婚姻，而不是改善婚姻的案例。她把我领到一个展示柜前，种植者正在展示新品种的六出花，我以前从未见过如此全的色彩，从奶白色和柠檬色，到浅橙色、绯红色、橘红色和紫色。看起来就像一群落在箱中的热带彩蝶。就在不久前，六出花还是生长在秘鲁和智利凉爽山脉中的野生南美花卉。直到卡尔·林奈（Carl Linnaeus）的学生，瑞典自然学家克劳斯·阿尔斯托玛男爵（Baron Claus Alstroemer）于18世纪在西班牙发现了由南美进口的六出花时，才开始对它们进行人工栽培。六出花是百合家族的一员（也被称为秘鲁百合），其花朵看起来像微型的百合。

在很多方面，六出花是典型的优质切花：从拉丁美洲移植到荷兰温室中，在那里被培育成切花品种。种植者喜欢它们又长又直的茎，便于手工操作和拔出地面。这种花在未开时采摘，稍后即会开放的习性也令人喜爱。花商和消费者都喜欢瓶插寿命长（两周后，六出花往往是花束中唯一存活的花）和色彩绚丽的花。如果一定要找出一种在各阶段都表现完美的花，那么六出花应该算一个。

我痴迷地站在玻璃柜前。“这些是我的最爱。”娜塔莎说。

“但你不是不太喜欢花吗。”我说。

“不喜欢，”她说，“我更喜欢盆栽植物。”

阿斯米尔拍卖会上也销售盆栽植物，每年出售有900万株常春藤植物和1300万株无花果树。他们还卖球根花卉的种球、绿植，以及香堇菜和矮牵牛花等植物的苗木。每种植物，连同一年约50亿株的鲜切花，都会按拍卖时钟的顺序被推到投标人面前。我能理解，对于常年在此工作的一些人，鲜花终将失去魅力。它们只是一种商品，从一辆卡车上卸下，进行拍卖，然后装上另一辆卡车，开启下一段旅程。即便是有着有趣历史和风靡全球知名度的“星象家”百合，在这里也显得渺小和微不足道。2004年，阿斯米尔共售出1380万株“星象家”，这个数字看似庞大，但其实还不到拍卖会一天的拍卖量。

我站在房间后面，看着一批接一批的鲜花被陆续送到投标人面前。每个拍卖厅都挂着两到四块时钟，这意味着每个拍卖厅里可以同时举行一场以上的拍卖。这里有一个玫瑰厅全天只进行玫瑰交易，另一个厅只针对专供花店和礼品市场的开花盆栽植物和室内植物进行交易，还有一个厅专供在苗圃销售的园林植物进行交易。其他两个厅进行组合切花交易，包括百合、郁金香、非洲菊、康乃馨和六出花，所有这些花都搭乘推车进出拍卖厅，被售出前仅在投标人面前稍作停留。拍卖鲜花时，你根本无法接近它们，一辆载着数百枝鲜花的推车推进拍卖厅，拍卖人员抽出一枝或一小把花举起来，随即开始出价。如果你想近距离观察这些花，就只能趁它们一大早还待在仓库里等候拍卖时去看，否则，就只能眯着眼睛看它们在空中晃来晃去，然后做出决定。

以下是荷兰式时钟拍卖，也被称为降价拍卖的运作模式：拍卖厅前面的巨大钟面上显示的不是时间，而是欧元价格。一场典型的花卉拍卖要根据每枝花的价格出价，午夜12点时，钟面显示为零；半天过去后，钟面上就显示50欧分；半夜11点59分时，钟面上显示的是99欧分。钟面上其实没有指针，有点类似数字时钟，一个红色光圈代替指针在钟面上移动，另外还有几排黄灯被用作秒针，当出价超过1欧元时便开始闪烁。

时钟上的数字指针反向逆时针运行，从一个被认为过高的价格开始，一直降到有人出价。例如，一枝玫瑰的开价可能是90欧分，这个价格高得离谱，等降到差不多35欧分一枝时，就有人开始出价。投标人都知道该出什么样的价格，关键是要等价格降到自己的心理价位，还不能让别人以稍高的价格抢先出手购买。

这种紧张场面，这种随时准备抢先出价所带来的压力，与英式拍卖，也被称为价格递增式拍卖中的出价规则相反，在递增式拍卖中，投标人逐渐推高价格，最后只剩下出价最高的人。相反，荷兰式时钟拍卖是一种逐底式竞争，一场速度游戏，一切都是为了抢在其他人之前以合适的价格拿到商品。

尽管这听起来像一种特殊的鲜花竞价方式，但实际上这与消费者在百货公司做决定没有太大区别。想想那些秋天到店的外套，你可以马上以全价购买，也可以等着它降价。但是等到衣服降价时，就可能会有尺寸断码的风险。如果一直等到季末清仓，也许会在降价的基础上再打6折，但你想要的那件外套很可能已经售完。你越想要这件外套，越会在应季时尽早购买，而你支付的价格也会越高。在时钟拍卖中出价的买家也是如此，只是他们要在一瞬间做出决定，而不是等待数月。

当一批花拿来竞拍时，钟面的小屏幕上会显示出花卉的相关信息，包括种植者名称、花的类型和品种。（投标人会戴着耳机，听站在拍卖厅前面小玻璃房里的拍卖商对每批鲜花进行介绍。）屏幕上还会闪过拍卖会检查人员对花做出的质量评定。如果种植者已经通过了荷兰花卉认证，屏幕上还将出现由MPS认证项目给予的环境和社会责任评级。你还可以看到每种花有多少箱在售，以及每箱的数量。如果投标人不想买下一整批花，他可以少要几箱，拍卖商会重设时钟，继续拍卖剩下的花，直至拍完。（此处我有意用“他”，因为在参观那天，投标者都是男性。娜塔莎告诉我，这些人经常要在拍卖结束后负责帮忙对订单上的花进行分拣和打包，这些工作都很繁重，更不要说想闯入一个男性主导的工作环境有多难，这都使女性望而却步。）

拍卖时钟走得很快，一分钟便能处理十多宗交易。每种花通常总用同一个时钟进行拍卖，因此买家知道每天该去哪里购买。娜塔莎站在我旁边，一边看着百合拍卖时钟一边给我介绍，但出价速度实在太快，让她根本来不及描述。“30欧分。”当一车橙色百合被推来拍卖时她说，“你可以买18箱。还剩15箱。现在是10箱……7箱……4箱……价格降到25欧分了。卖完了。”另一车百合再次沿着轨道来到拍卖厅前，也迅速卖完了，我甚至无暇记下它们的售价。

整个拍卖系统讲究的就是速度。5个拍卖厅共有13场时钟拍卖在进行，通常一个早晨有1900万株鲜花绿植完成拍卖，难以置信的是，在一天结束时，几乎所有的花卉植物都会被卖出。品质较低的花卉和零碎批次一般会被荷兰街头小贩买走，然后以极低廉的价格出售。不到0.5%的花实在找不到买家。这听起来不算多，但要知道，这代表着每天有差不多10万枝花没人买——足够装扮100场婚礼了。这些不好的花会被粉碎，并送往一家公司制成肥料，相关费用由不幸的种植者承担。

当天所有鲜花都在拍卖时钟前经过一遍后，拍卖就结束了。竞价拍卖通常从早上6:30开始，上午10点或11点结束。到了中午，这个地方就会变成一座空城。卡车全都离开了，那些为种植者、进口商和批发商工作的人回到拍卖场附近的办公室，做些文书事务，然后结束他们一天的工作。

任何来到阿斯米尔的人一开始都会为这种看似荒诞的安排而困惑。为什么要费尽周折，把诸如菊花等易腐烂的东西装上飞机，运到另一个国家，摆在拍卖场上，然后再把它们装上飞机，运往最终目的地呢？拍卖时，大多数鲜花的售价每枝不到一美元。单就个体而言，我们谈论的并非贵重物品。那么，它们究竟为何一定要在荷兰出现呢？

我在拍卖场时，曾再三向种植者、采购者、进口商和拍卖工作人员询问这个问题。他们似乎无法理解我的困惑。我一直试图用其他产品进行比较。

我对他们说："比如，没有对汤进行拍卖。每年都有数十亿罐汤被卖掉，但它们不必先经过拍卖或集中到市场上。此外也没有生菜拍卖、袜子拍卖。为什么一定要有花卉拍卖呢？"

我能得到的最好答案是："鲜花不是汤。它们每天都不同，你必须近距离仔细检查它们。人们不想买他们没亲眼见过的东西。"

也许是这样吧。但以"大奖赛"玫瑰为例，这是一种健壮的红玫瑰，销量高达数百万，是情人节的主打花卉。作为购买者，你必定希望玫瑰要看起来很不错，茎长合适，花朵够大。恶劣的天气或虫害会影响玫瑰的大小，甚至花瓣的色彩。运输过程中的失误，比如货车上的冷藏库坏了，都可能导致花朵过早枯萎。但是否真的有必要亲眼验证自己买的是什么？难道不能从信誉良好的批发商那里购买吗？为了亲眼目睹鲜花，就要有这样一派忙乱、开销巨大的大型拍卖场以及配套的工作人员，这样做值得吗？花儿们离开了水装在箱子里，在不同机场之间奔波所额外耗费的时间又该当何论呢？

但是，购买者和种植者都坚持认为有必要在某地将所有花都聚集起来，以便进行展示、评判、挑选和购买。即使坐在拍卖厅里的投标人很难好好观摩要买的花，但好歹推车已经从他们面前走过一遭了。当拍卖员从每辆车中抽出一枝花，高高举起供投标人观看时，我不知道他们从这个小小的举动中能获取什么样的信息。从房间后面看过来，在推车被推走前，把那些单枝的百合或郁金香在空中挥舞一两下，看起来渺小又奇怪，就像在华尔街的交易大厅一样，根本不像在花市。

为降低成本，使鲜花在冷藏条件下保存时间更久，阿斯米尔拍卖会尝试采用新的拍卖系统，在竞价时不再把推车推进拍卖厅，而是把种植者提供的花卉照片投射到一个巨大的屏幕上，供投标人观看，鲜花则会留在冷库里。拍卖时钟也被投射到墙上的一个电脑式样的时钟所取代。招标仍旧实时发生，但拍卖时钟已基本变成一个互动网站，人们聚集在房间里一起观看。拍卖场管理者更喜欢这种新形式，因为可以节省员工成本。现在，按旧的拍卖系统运作，每个拍卖时钟前需要有 13 名工作人员，绕着拍卖大厅移动供拍卖的鲜花，但如果鲜花一直待在冷库里，所有这些工作几乎都能省去。

我在阿斯米尔遇到的买家对这种变化不屑一顾，好一点的也是持怀疑态度。买家们声称，不让花卉进入拍卖厅会让他们做出判断和决定的速度变慢，现在他们不得不停下来阅读屏幕上的信息，而不是看一眼推车，立刻就能知道花的颜色和种类，每车的数量，以及种植者是谁。当拍卖变成一场竞赛，简直连半秒钟都不能耽搁就要搞清楚在售的为何物。不过，显然以互联网为基础的拍卖系统有助于将事情简单化。当然，鲜花仍需要聚集在一个配送中心，种植者可能有十万枝红玫瑰要出售，但每位买家可能只需要几箱玫瑰，几束百合花或几束非洲菊，所以必须有人将所有花都聚集起来，按订单进行分类和包装。但实际出价和下单可能不会在花卉配送中心进行。买家和卖家都觉得由拍卖会来处理让他们很轻松，却将继续忽视花卉实际存放的问题。那么为何这个令人眼花缭乱又震撼的拍卖体制仍在大行其道呢?

当我向一个进口商问及这个问题时，他耸耸肩说："华尔街为什么还要有经纪人?他们想在现场感受那种氛围和精神。这是交易的特性。人们在买下十万枝红玫瑰之前，希望能看到它们，摸到它们，而图像对此爱莫能助。"

这种观念在购买者中根深蒂固，无论我怎样努力，都无法让其他人赞同，新技术可以让鲜花无需亲自出现在拍卖现场，或者新系统带来的便利远大于任何潜在的不利因素。上午中场休息时，拍卖交易暂停，趁此间隙，我对几个穿着马球衫和卡其布裤子的健壮荷兰伙计说："试想一下，你在任何地方都可以通过屏幕看花。你可以回到办公室在网上出价，即使身在国外也没问题。你根本不必来这里。”

他们看着我，又相互对望了一下，就好像我在建议他们分手。“不，不。”其中一人说道，也许认为我作为局外人并不了解情况，“我们每天都来这里。”我意识到，他的意思大概是说：“这里是我们的办公室。而且我们是荷兰人，我们一直这么做了一百年。这是我们的系统。”

业内人士不愿放弃旧式拍卖系统的原因之一是，当鲜花被送来后，必须要对它们进行质量控制检查。娜塔莎以前曾在阿斯米尔做质检员，她主要负责检查百合。与送往迈阿密的花卉不同，从史基浦机场入境的货物直到拍卖时才进行病虫害检查。当时娜塔莎要身兼农业检查员和质量检查员两种职务。

“我会检查这些花是否干净无病，”她说，“或者看它们是否受损或太老。我们要看花的品质是否优良。”每个拍卖时钟都有自己的质检团队，约四到五人，要互相检查彼此的工作，以确保他们的评判一致。“如果我说一枝花上有一片坏叶，”她说，“但第二天早上，我的同事看到同样的产品，却什么也没说，这就出问题了。”除了一些有病虫害的花，大多数有瑕疵的鲜花不会被销毁，而是拿去拍卖，但质检员会给它们较低的质量评级，或者做出说明，提醒买家注意他们所发现的问题。因此，检查的目标是为了给买家提供更准确的信息，而不会对种植者的产品进行不公正的评论。

“我们既不是为种植者工作，也不是为买方工作。”娜塔莎说，“我们保持中立，我们必须非常严格、非常坦率。种植者总是说，‘我有最好的产品。’而买方总想给出最低的价格。所以我们一直处在中间。”进口到美国的鲜花没有类似的检查制度，美国政府只检查病虫害，买家只有依靠花的质量评价。但这个质量评价并非由中立的第三方做出，而是来自为种植者或批发商工作的人。

这不是拍卖工作人员进行质量检查的唯一方式，也鼓励种植者主动带新品种到测试中心，在那里鲜花将接受模仿普通消费者家中“起居室条件”的测试。已经有超过 12,000 个品种通过拍卖销售，测试中心为这些花进行质量把关，筛选掉那些表现不好的花，并对已经通过时钟拍卖被售出的鲜花进行随机测试。这是像特拉尼古拉公司之类的荷兰育种者所拥有的一大优势：他们在荷兰进行育种，然后前往非洲和拉丁美洲开展种植。因为阿斯米尔是世界上为数不多的可以客观地对不同品种进行测试，并对其竞争力进行评级的几个地方之一。彼得·波尔拉格告诉我，特拉尼古拉公司经常将新品种的非洲菊和玫瑰送到拍卖场接受测试，并通过时钟拍卖小批量地出售，这样他们可以了解新品种花卉的品质和潜在的市场价格。

检测中心设在一个狭长的房间里，位于拍卖场楼上，从参观走廊处有入口。检测区或检测结果都毫无秘密可言：这个房间四周都是窗户，其他种植者或买家在中场休息时可以踱过来，隔着窗户看新品种检测的进展如何。受测的花插在相同的玻璃花瓶里，摆在跟房间差不多长的长条桌上。每朵花旁边都有一个标识，注明品种、种植者和测试条件。站在外面的走廊上，看着里面的新品种，我不由想起那些大医院的婴儿室，在那里可以看到所有新生儿。如果你的婴儿又瘦又小，满脸通红，特别吵闹，或者非常可爱，好了，人人都会关注它。在这里，如果你的新品种六出花在花瓶里连一天都没撑过去，这结果同样也会暴露在众目睽睽之下。

测试中，大多数鲜花首先要在无水、盒装、46 华氏度（约 7.8 摄氏度）的条件下度过四天，模拟运输过程。按照行业标准，这些是运输阶段可接受的最低条件。种植者宁愿尽可能削减中间环节，以便让他们的花在两天，而不是四天内进入市场，并且批发商的采购标准规定，可以拒收在超过 50 华氏度（10 摄氏度）的条件下储存和运输的鲜花。（VeriFlora 认证标准在这方面也有规定，它要求提供冷藏链计划，说明在送达消费者之前如何使鲜花保持低温。）

在经过四天不尽如人意的模拟运输后，鲜花会被插入花瓶，并经受常人可能给予的不当对待：不每天换水，不重新剪茎，也不常施肥。如果一朵花有特殊需求，例如非洲菊，适合养在瓶里只有几英寸水的情况下，那么这些需求将被无视。测试房间保持在宜人的 68 华氏度（20 摄氏度），光照随日夜往复，湿度也与普通的起居室相同。除了没有把鲜花放在阳光直射的窗口或电视机顶上（可怕的养花方式，荷兰式拍卖人员可能根本想不到这种情形），测试人员竭尽所能营造出可能导致花束凋谢的居家环境。

受测鲜花在测试过程中确实无法幸免于难。花瓶里的水变混浊，花瓣不断脱落（测试中心的工作人员不会扫掉落花，这样在整个测试过程中，可以清晰地看到鲜花凋亡的情况），花茎萎靡弯垂，然后一切很快便结束了。我能想象，如果种植者在这儿待的时间过久，将会感到一种存在危机：他们夜以继日辛勤劳作所创造出的成果，就被人们如此对待，是否有点不值得？

我问其中一位检测人员，让种植者知道他的产品未能通过测试会怎样。“我们不会告诉种植者他们的鲜花未能通过测试，”她说，“我们只是把结果给他们。一些种植者对结果并不满意，但他们可以利用这些信息做一些建设性的工作，对吧？但有时种植者会在测试后放弃这个新品种。”如果鲜花不能通过这里的测试，就可能永远不会参加拍卖，更不要说被送往世界各地的花店。

我在拍卖场四处参观时，可以清楚地看到鲜花接下来将去往何处。拍卖厅里的买家大多是荷兰男人，他们为出口商和批发商工作，这些商家会将花卉投入其庞大的供应链。拍卖过程不像我想象的那样公开。我本以为会像联合国一样，每个投标人面前会有一个小标牌，表明其所代表的国家或买家。事实上，我只能从投标人衣服上的身份牌或商标去推断他隶属于哪家进口商。有相当多的人为全球最大的花卉进口商和出口商 Florimex 工作。当天的拍卖结束后，我告别娜塔莎，走出拍卖场，沐浴在明亮的正午阳光中，卡车轰鸣着从我身边驶过，前往机场。我绕过拍卖场的大楼一路走向 Florimex 的行政办事处，在那里，Florimex 子公司 Baardse 的主管卡洛斯·巴乌·桑托斯（Carlos Bau Santos）刚刚结束了下午的繁忙。巴瑟尔公司专门向零售店和大众市场连锁店供应鲜花和绿植。Florimex 另一家分公司 SierraFlor 主营花束制作，其他分公司则在全球有不同的市场定位。Florimex 每年经手的花卉市值约 5 亿欧元，这使其在年销售量 10 亿欧元的拍卖会上是个不小的玩家。

Florimex 从全球五十多个国家采购鲜花，然后销往所有可能的市场，从零售业巨头宜家，到玛莎·斯图尔特（Martha Stewart）的网上花店，还有为曼哈顿华尔道夫酒店供应花卉的花商。每个拍卖时钟前都驻扎着 Florimex 的买家，楼上办公室里的销售人员拿着电话，操着混乱的荷兰语、德语、英语、西班牙语、俄语和日语，将刚由时钟拍卖得到的鲜花添加 15%的佣金后尽快卖出，这代表 Florimex 在交易中的获利。

卡洛斯一直关注着拍卖时钟上的价格。“你必须这样做，”他告诉我，“在抽取佣金时，8 欧分的 15%和 16 欧分的 15%差别很大。”花卉单价的季节性波动，乃至每日波动都会令像 Florimex 这样的花卉中间商抓狂。“周一的价格最低。”卡洛斯说，“中间价格起起落落，会有一个波谷。周五的价格最高，全世界都会买花过周末。如果周五时价格下跌，则表明在拍的鲜花太多了。”夏季的花市尤为低迷，种植者喜欢说：“当沙滩上有姑娘时，没人愿意赏花”。尽管在漫长而温暖天气里，种植者能够生产出大量最好的鲜花。“花的单价非常低，但供应量却很大。我们买的花很多，造成花卉大量堆积，却没有特别的节日能大批售出这些花。大量鲜花在夏天都被丢进垃圾箱。”花卉产业全年仅有五个月的机会——从圣诞节或情人节前后，一直到复活节和母亲节——可以弥补夏天生产过剩和需求不足所造成的不平衡。

因此，花卉产业有必要紧跟世界发展趋势。玛莎·斯图尔特是著名的花卉潮流引导者之一，几乎每个批发商和花商都会向我提到她。卡洛斯是第一批为斯图尔特提供网上花卉的供应商之一。“起初这很荒谬，”他说，“她在某地看到一种花，就会拍张照片发给我们，要求订购三万枝。这样不行。”

在早期，当卡洛斯得知玛莎的公司计划促销某种季节性花卉，如鹦鹉郁金香时，已经为时已晚，因为这些花已经过季。“他们会发给我们一个全年计划，订购一些当时根本没有的东西。那段日子很糟糕。他们学到了很多，但在开始时，还是很难。”

卡洛斯认可玛莎·斯图尔特在美国创建了一个高端客户群，推动了对高质量和更有趣的花卉的需求，但他告诉我，他对超市出售的花卉评价不高。“人们可以在山姆会员店和沃尔玛，以及其他一些由都乐公司供货的连锁店里看到我们公司的郁金香，”他说，“但我不太喜欢美国那种水平的花卉。欧洲超市花卉的价值更高一些，二者根本没法比。”

我告诉他，加州的种植者声称，在超市出售便宜而短命的花卉，会令消费者对鲜花产生反感，他们会认为这些花连所付的那点钱都不值。“完全正确，”他说，“那些花的质量太差。我去过很多美国的超市，那里的鲜花看起来都很糟。他们把所有东西混放在一起——奶酪、水果、鲜花，所有这些都会产生乙烯，这太可怕了。这对我们和消费者都不利。每年消费者只能买到劣质鲜花，我们则被迫以更低的价格出售。”（事实上，进口到美国的不同种玫瑰的平均批发价格已经从10年前的20至30美分一枝，下降到了今天的16至19美分一枝。）

我举了一些业内人士对鲜花和葡萄酒进行比较的例子。“人们认为，”我说，“一家大型折扣会员店出售3美元一瓶的葡萄酒，也许可以让平常不怎么喝酒的人开始更多地买葡萄酒，然后他们可能会转而购买5美元或8美元一瓶的葡萄酒，很快你会建立起一个新的高档葡萄酒饮用者群体。”

“没错，”卡洛斯说，“但是，3美元一瓶的葡萄酒味道必须还不错，否则他们会转而购买啤酒或可乐。看看那些郁金香，在郁金香盛开的季节，如果每个人都想买最便宜的郁金香，那就意味着最好的花都留在这儿了。你在美国超市见到的所有郁金香其实在欧洲根本无人问津。它们花头小，花苞紧闭，白色、黄色、奶油色混杂，真难看。在郁金香季节，你可以买到无数品相更佳的郁金香，但要为此多付 5 美分或 8 美分。”

卡洛斯为普通廉价花卉的扩散感到沮丧，但他仍对这个产业心存敬畏。“即使在人民生活水平低，经济条件差的国家，人们仍会购买鲜花。他们的购买力很低，但还是会给人送花。你看俄罗斯，有穷人有富人，就是没有中产阶级。据我所知，那里的富人每天都会更换屋里的鲜花。而在同一条街上，你也会看到有人只买一枝康乃馨。”

“有时候，我会跟踪一箱离开拍卖场的鲜花，看它们去往何处。”卡洛斯斜靠着椅背，边说边盯着桌上花瓶里的一枝亚洲百合。“想象一下，我在这儿包装了一箱花，运到波士顿，买家会把它们带到花店，放在水里，然后人们会来店里挑选他们喜欢的花。很有趣，不是吗？突然之间，整个世界变得如此亲密。”

在离开阿斯米尔之前，还有一个我期待已久，但又充满恐惧的地方。我准备去走访 Multi Color Flowers 公司。这家公司在拍卖会上购买鲜花，将其染色，然后卖给出口商。它的工厂与拍卖场仅一街之隔，在一溜儿仓库里，摆着很多花束制造机、处理机和包装机。“对于花束制造商，”卡洛斯告诉我，“荷兰就像他们的厨房。这里有各种原料，厨师来这儿挑选把什么放入食谱。一束花由主花和配花制成，在这里能买到来自世界各地的二三十种不同填料，可以使花束改头换面。”在此，Multi Color Flowers 公司从拍卖会上购买鲜花，通过大自然做不到的操作：把菊花染成翠绿色，用红漆或金粉涂抹橡树叶，制出橙色或紫色的满天星——只要有人想要这些东西。

我一路走来，从未产生被骗的感觉。的确，切花在温室和试管中被孕育得更大、更艳丽、更高产，种植者还可以让鲜花在 12 月盛开，在没水的情况下存活很长时间，但这些都没让我感到自己被欺骗。但是给花染色——就像是给百合镀金，似乎既没必要又不健康。何必呢？难道如此巨大的市场上没有足够的品种吗？此外，又有谁想要人工染色的鲜花呢？

但染色花已经存在了几十年。20 世纪 20 年代，茎部染色的康乃馨还很新奇，当时一名芝加哥种植者偶然想到把康乃馨插在装满绿色染料的玻璃管中出售。最初的想法是让消费者观察鲜花吸收养料的情形，而不是将其作为染过色的成品销售，花被缚在一个小纸板架上，上面写着：“一天又一天，我变得越来越绿。”当时的花商也会用喷枪在花上喷涂染料，但颜料很容易脱落，女士们在佩戴染色胸花时，衣服就会有沾上染料的风险。

20 世纪 50 年代，各种蘸料和染料得到推广，花商们得以造出任何想要的颜色。其中一些还含有防腐剂，可以使花更持久。早期的喷雾剂效力强劲，甚至可以融化泡沫塑料，因此常被用来制作花雕。（鲜花能够在那种情况下存活真是个奇迹，显然它们可以忍受颜料腐蚀，而泡沫却不能。）当染料公司生产出能够保持泡沫完整的喷雾剂时，花商终于能够出售用康乃馨做成的紫色的复活节兔子，为同学会准备的染着学校代表色的菊花球，还有染成粉色或蓝色、编成摇篮形状的满天星。60 年代，又开始逐渐流行金属漆和闪粉。

从那时起，染色鲜花不再流行，但它们并未销声匿迹。我知道，如果有任何关于鲜花染料的创新，必将发生在阿斯米尔。因此当上午拍卖结束，装满了鲜花的卡车从货运码头呼啸而去时，我就穿过巨大的拍卖场建筑，来到 Multi Color Flowers 公司门前。

公司的创始人兼经理彼得·科奈兰格（Peter Knelange）在办公室里会见我，并带我穿过工厂，那里有 30 名工作人员正为早上在拍卖会上买到的鲜花染色。彼得长得瘦瘦高高，对这个地方充满孩子般的迷恋。一旦亲眼目睹，我便无法再责怪他。这个工厂像是吸引孩子的神奇乐土，那些浅白、粉红和黄色的鲜花在这里被染上颜色。与大多数荷兰公司一样，这里的运作高度自动化，尽管四周染料飞溅，但这里仍异常干净。

Multi Color Flowers 公司采用几种方法给花染色。首先是花茎染色，任何曾在生物课上将康乃馨变绿的孩子都熟悉这个。将食用色素添加到水里，植物木质部的输水导管，即中空的死细胞，像吸管一样将颜料送往花瓣尖。（木质部也通过叶片中的叶脉运送水，所以花茎染色植物的叶片会永葆绿色，而叶脉颜色比水中染料的颜色还要深。）在 Multi Color Flowers 工厂，空塑料桶沿着传送带移动，消失在一堆机械装置中，被灌满绿色、橙色或紫色的染料。接着塑料桶从传送带另一端出来，几个工人站在那里等着往里面放入苍白的绣球菊。到第二天早晨，花茎会吸饱染料，令花瓣呈现出令人吃惊的迷幻色彩。然后鲜花被运送给买家，染色用的桶会进入另一个系统，从水中分离出染料，并送回流水线重复使用。

我知道菊花和康乃馨会被染色，但没想到在这里会看到他们对玫瑰也动了手脚。“你见过蓝色的玫瑰吗？”彼得问，领着我进入一个冷库。

“我以为没有这种东西。”我说，彼得像《查理和巧克力工厂》里古怪的威利·旺卡（Willy Wonka）那样咯咯笑起来。

“当然有，”他说，“你看。”

在一个桶里，是约翰·梅森一直在寻找的圣杯：蓝莓色的玫瑰。事实上，很难将这种蓝与任何能在自然界发现的颜色相比拟。这更像拉斯维加斯的蓝，一种闪闪发光的亮蓝，一种像指甲油或警灯里闪烁的蓝，却不是能在花园里发现的那种植物蓝。彼得有数百枝这样的蓝玫瑰，每20枝一束，裹在带有Multi Color Flowers公司商标的套筒里，送到——哪儿去？日本是一个很大的染色花市场。我在旧金山联合广场附近的花摊上也见过它们。它们是新鲜事物，令人窒息的恶作剧，出售给游客或青少年。一些花还被喷上银粉，我在达拉斯牛仔队的比赛，或是狂欢节游行的花车上见过，但很难想象花商会认真对待它们。不可否认，这些花是假的。我沉默而茫然地站在它们面前，但彼得似乎没有注意到。

“我们可以用亮粉装饰任何东西。”他乐呵呵地走过这些玫瑰，“看到了吗？我们在那里也喷了。”他指着房间的一个角落，那里完全被亮粉覆盖。事实上，我环顾四周，越来越发现工厂里亮粉的痕迹随处可见，地板上、墙壁上、货架和水桶上。“哦，是的。”当我指出这一点时，彼得说，“到处都是，特别是当我们为节假日准备花束时，连我的床上也有。”

不能通过茎染色的鲜花可以浸泡在染料中。在仓库里有专门进行浸泡操作的区域，在那里无需谨小慎微地操作染料。每个巨大的水槽都完全浸泡在指定的颜色中——粉色、紫色、绿色、红色和黄色，连水槽旁的工作人员也像泡在相应的色彩中。鲜花必须相当强健，能够忍受颜料的浸泡，而他们也发现了不少适合染色的品种，除了满天星，被浸泡染色的还有芸薹属植物（一种观赏性甘蓝花），此外还有黄莺花，一种俗称麒麟草的填充植物，以及蕨类植物、桉树和橡树叶。这些花卉植物被染色后，会被挂在架子上，沿着另一条传送带经过一排风扇，在那里几乎马上被烘干，呈现出……好吧，出奇健康的相貌，尽管它们刚刚经历过奇怪的处理。

Multi Color Flowers 工厂每年处理约 5000 万枝花，其中很多是特价花，是通过时钟拍卖能买到的各种廉价鲜花。我去参观那天，他们买的大部分是粉色菊花，排着队等着被染茎。彼得解释说，当天他能以 15 欧分一枝的价格买到粉色菊花，而白花需要 20 欧分一枝。粉色花瓣对紫色染料的反应与白色花瓣一样好，所以今天会有很多紫色花朵出售。下次如果能以好价钱买到白色的花，他们就会将其染成绿色、黄色或深蓝色。如果可以买到价格便宜的黄色菊花，就适合制作橙色、红色和淡黄绿色的花朵。

你可能会认为，可以在商店里认出染过色的花，有时的确很简单：我曾在一家超市的水桶里抽出一束紫色绣球菊，能看见蓝色的水珠从茎上滴落。但有些时候就不那么容易分辨了。我惊讶地看到 Multi Color Flowers 公司买来白玫瑰，把它们变成橘红、粉色和绿色，这些颜色的玫瑰已有种植者供应，尽管价格可能比白色玫瑰略贵。乍一看，很难分辨自己买的是染色玫瑰，除了花瓣尖部的颜色有些奇怪的黑，叶片上的叶脉可能泛出怪异的青橙色或紫色。

Multi Color Flowers 公司也许开发出了更高级的染花技术，但染花技巧在世界各地被普遍使用。有一次，我在逛一家花店时，问店主柜台后面的喷漆罐是做什么用的，店主笑着拿出一罐，使劲摇了摇，在一朵白色康乃馨的中心喷上一些绿颜料。染过的花看起来不太自然，但它看起来也不像刚刚被喷涂过。要是告诉我这花就是被培育成这样，我可能也会相信。“这玩意我们用的不太多，”店主说，“但它看起来很酷。”

你可以对花做任何事情。除了喷涂料和亮粉，还有公司专门生产喷雾香水，以代替玫瑰失去的香味。你可以购买装着人造花瓣、里面嵌着亮珠装饰的花，甚至可以给柔弱的花茎安上金属丝，做成更结实的假茎。如今在犹他州有一家名为“玫瑰花语”（Speaking Roses）的公司，发明出一种新的玫瑰压花技术。他们会在红玫瑰的外围花瓣上印上带信息的金色叶片。公司建议在上面印制一些套话，例如“感谢全勤”、“世界上最好的老板”，以及“谢谢惠顾”。还可以印上“对不起”，或者更进一步的“非常抱歉”。当然，也可以做出印着“你愿意嫁给我吗？”的玫瑰，甚至能放上你和爱人的小型黑白头像。我们有数量惊人的人工手段对花进行修饰，这似乎是个永不会消失的潮流。

“我从 1988 年开始从事这一行。”彼得说，“最初只是一个房间，有粉色和蓝色两种颜色。我在拍卖会上买花，带回这里，自己动手染色。当时很多人都这样做，但大家认为这流行不了几年。我不这么认为，如今我们仍在染花，并且业务不断扩大。接下来，也许我们会把业务拓展到迈阿密。你怎么看？”

迈阿密，它距离阿斯米尔如此遥远，显得如此渺小。三四十亿的花卉涌入荷兰后怎么办？当鲜花从上千家农场运来，消失在数百家进口商或花束制造商的仓库，然后通过几百家批发商流向成千上万的零售商时，你要如何着手处理花卉事务？我初来乍到时，还对花卉集中拍卖的问题感到困惑不解，如今站在买家的角度，它显得非常合理，这是荷兰人又一项明智而有效的发明。与在阿斯米尔通过拍卖时钟轻松招标相比，在迈阿密寻找你想要的鲜花简直像不可能完成的任务。

不过，迈阿密可能已经存在花卉染色工厂。我想应该在南海滩，我在那里发现了一直在寻找的粉红酒店和霓虹灯招牌。那里应该有蓝玫瑰出售，如果再撒上些亮粉就更好了。我略带忧伤地想着这个巨大的、尚未开发的美国市场，静候印有公司商标、涂着校园标志色，甚至为了搭配晚会礼服而染色的花朵。你可以称其为新事物，我想彼得是对的，染色花能够在这里立足。

“我认为你在迈阿密会大受欢迎。”我告诉彼得，并最后看了一眼他的工厂。我知道会在某处再次见到这些花。我与彼得道别，穿过空旷的停车场，去乘坐返回阿姆斯特丹的巴士。我的包里露出一束紧紧包裹着的浅桃红和奶白色玫瑰，是娜塔莎那天早上送给我的，从拍卖厅新鲜出炉的。整个下午它们都处于脱水状态，我一点儿也不担心，它们会活下来。我会将这些花留在宾馆，当我乘坐的飞机在加州降落时，它们仍会盛开不败。

我和巴士几乎同时到达车站。时值傍晚，只有几个在拍卖场工作的男男女女在排队等候上车。我瘫坐在座位上，把花堆在膝头，在巴士返城的途中，我一直坐在那里俯视着它们。数以千计这样的玫瑰将于今天离开拍卖场，前往日本、俄罗斯、德国和英国，在那里它们终将结束漫长的旅程。它们会被人带回家，而我也该回家了。

第九节　花店、超市与未来花市

如果你一直梦想经营花店，那么特里萨·萨班卡亚（Teresa Sabankaya）就拥有那种你梦寐以求的花店。特里萨的花店位于加州沿岸圣克鲁兹书店外的绿色金属小亭子里，各式各样的鲜花——有趣的、新奇的、古典的、短暂的、馨香的、不常见的，簇拥在摊位四周的花桶里摇曳生姿。她出售的花季节性极强：夏天有飞燕草和罂粟花，冬天有各类石楠花、冬青和浆果。如果你忙得无暇顾及春天的到来，只要在她的花店稍停片刻，看看早春三月从店里探出的粉色樱花，顿时会令你幡然醒悟，决定舒缓下来，享受这美好的春天。即便不买花——当然特里萨很乐意能卖出一枝花——仅仅是看见她那小小的摊位，也会让人感到如释重负。那些怀疑鲜花是否能改变情绪的人，肯定从未观察过那些从特里萨花店旁经过的路人。

我曾住在离波尼杜恩园林公司（Bonny Doon Garden Company）几个街区远的地方，习惯于每周六早晨在书店喝完咖啡，翻完报纸后，走过去观赏一下鲜花。那里有特里萨花园自产的奇怪的豆荚植物，有来自沃森维尔市（Watsonville）一位种植者的纤弱的香豌豆花，还有只在五月短暂盛开几周的紫红、雪白、淡粉的丁香花，还可以买上一盆天竺葵，或三个一组种在玻璃碗里的水仙球。在母亲节，特里萨会编制传统的花束，用维多利亚时代的花语传情达意：风铃草代表感激，天竺葵叶代表安慰，芸香代表优雅。

当时，我并不知道这样的花店有多么不同寻常。我还没听说过像太阳谷那么大，或者像内瓦多公司那么远的花卉农场。我也想象不出阿斯米尔盛大的花卉拍卖，或是迈阿密机场跑道上满载鲜花的货机。波尼杜恩园林公司符合我对花卉贸易运作方式的想象——在花园里种些花，从路边的农民那里买些花，把花放在桶里，再卖给街坊邻居。也许这就是为什么即使我已经搬走了，却还会经常回到特里萨的店里。过了这么久，它对我依然意义重大。

在圣诞与新年之间一个寒冷的早晨，我坐在特里萨花亭外的凳子上，与其他买花人一起聊起这家店。特里萨总是笑容可掬，带柔和的得州口音，帽子下是蓬松的深褐色卷发。她看起来就是人们会称为“卖花女士”的那种人，而她也经常来此卖花。“我的花卉事业是在花园里开始的，”她倚在花亭门口说，这个亭子大小仅容一人，里面紧凑地摆着各式工具和花瓶，“我喜欢看着植物从种子萌发，最后再结出种子。我们在波尼杜恩沿海有11英亩地，刚开始我在那里打理一个又一个花园，有几百株英国玫瑰，那些花如此绚烂，我都不知该拿它们怎么办了。后来我帮一个朋友筹备婚礼，结果一炮打响。很快我有机会买下这个地方。开花店的本意是为了让我花园里的花能派上点用场。但现在我对这花店投入了太多精力，有时回家后我还会想，‘花园怎么样了？’”

虽然主顾们对特里萨位于太平洋大道上的花亭很熟悉，但在几个街区之外，她还有一个冷库，以及其他一些额外业务。事实上，她只有

30%的销售额来自街头，路过花店的人们会心血来潮买上一些花。“我买下这间花店时，很快就意识到不能靠街头销售维持生活，所以我们扩大经营，为婚礼、公司客户和餐馆提供服务。”她说，“我们也做递送。尽管看起来不像，但我们是一家提供全面服务的花店。我总是告诉人们，‘对，人行道上的绿色小花店什么都能做。’”

特里萨的经营规模比看起来要大一些，根据季节需要，她最多时会有九名员工。但与镇上其他花店不同，她对待鲜花的方式使她的店更像是19世纪的花店。就像一个世纪前的花商那样，特里萨自己也种些花。她还从其他花农手里买花，都是一些跟《我的十杆农场》中主人公玛丽亚·吉尔曼差不多的养花妇女。“有女人来到这里，”特里萨说，“就那么一个女人，她会在花店门前停下车说，‘你看！’她满满一车都是美丽的鲜花。我会把她的花全部买下来。你知道，我一直在寻找一些有用的新鲜玩意，哪怕是一片杂草，我也会想，‘太酷了，不知道它在花瓶里能否持久？’要是按我的方式，就要不断种植。我买这个地方就是为了从自然界带来新东西，并把它们摆在世人面前。”

自19世纪以来，花店一直是拥挤的城市中美丽的绿洲。在此之前，人们可以直接从种植者的苗圃里购买鲜花，或者从街边临时摆摊或挨家挨户上门兜售的街头小贩那里买花。雅克-劳伦特·阿加西（Jacques-Laurent Agasses）1822年的画作《卖花者》（*The Flower Seller*），描绘了一个戴着帽子、穿着大衣的男人，正在向两个孩子兜售盆栽植物，在他身后是一个驴拉的木马车，车上载着马蹄莲、杜鹃和其他鲜花绿植。1840年，朱尔斯·拉肖姆（Jules Lachaume）的著名花店在巴黎开业，迄今仍在皇家路10号经营，是巴黎最高档的花店。拉肖姆被普遍认为是世界第一位现代意义上的花商，他于1847年出版了第一本关于插花的现代书籍《自然之花》（*Les Fleurs Naturelles*）。体现花商设计和构思的证据可以追溯到更远，描绘日本插花艺术——花道——的卷轴从15世纪一直保存至今；甚至在底比斯古城第十八王朝（1530BC~1307BC）的一幅墓室壁画上，也对古埃及花商的工作进行了描绘。但今天我们所了解的花店是19世纪和20世纪的创新，市民们不仅能在其中觅得看歌剧戴的香堇菜和送给心上人的玫瑰，同时还能在花店里享受片刻美丽和宁静，当城市其他地方到处是匆匆过客，这里的时间却好像静止，永远美味怡人，芬芳依然。

早在1864年，《纽约时报》一篇文章就报道了城里商店的圣诞节橱窗陈列，并评述说：直到最近鲜花售卖还“仅限于一两个兜售廉价货的游商”，而现在，百老汇的花店里“满是昂贵的外来花卉”。同期的另一篇报道称：“花卉在自然经济中起着比我们惯常认为的更重要的作用，它们对思想乏味的人的影响，比对包括最敏感的人在内的其他人影响都要大。”人们只要曾经躲进曼哈顿的花店，小心翼翼地在郁金香和唐菖蒲的花桶间穿行，将嘈杂的车流声关在门外后深呼一口气，便会明白花店对城市居民有何影响。

1896年美国花商协会（SAF）大会上的一次发言更加正式地提出花商负有提供美的职责：“我们所从事的职业本身就是最美丽、最有趣和最高贵的，源自于人类不断增长的更高需求。在我看来，我们与大自然及其各种复杂活动联系密切，我们必然要承担起尽力通过各种方式让人类变得更加美好的使命。”

仅是看到一家花店就能使人精神振奋，更不必说在床头或门厅桌上摆放鲜花，这并不新奇，我们都经历过。当我思考花店在城市生活中的作用时，不由得想起伊甸园计划（Eden Alternative）。这是一项始于1991年的疗养院计划，当时一家疗养院的负责人认为，沉闷枯燥的环境有损居住者健康。他开始在疗养院中布置鲜花和植物，安排孩子们前来参观，鼓励饲养宠物鸟、猫、狗和兔子。这些举措取得了意想不到的惊人效果：处方药用量和感染几率下降了一半，死亡率下降了25%。虽然不只是花带来了这些改变，但是这种给单调环境注入生活气息的方式，正是花店为城市做出的贡献。

迄今为止，把鲜花呈现在人们面前，的确具有特里萨及之前几代花商梦寐以求的效果。她说："我最愿意看到当人们沿街疾行，忙着打电话时，能够猛然在花亭前刹住脚步，感叹着，'哦，太漂亮了。'在匆忙的生活中，我们错过了太多东西，至少我可以让一些人停留片刻。"

同许多花商一样，特里萨的首要业务是经营浪漫的事儿。花商们总能在自己的花店里目睹一段段罗曼史展开。一位19世纪的花商曾告诉新闻记者："与其他礼物相比，鲜花最能赢得女人的芳心，每个献殷勤的小伙子都知道。"他接着讲述了一个总在他花店驻足赏花的年轻姑娘的故事。一名男子远远地注意到这位姑娘，并嘱咐花店每天送她一束花。店主答应了，在送了一星期花后，姑娘仍不知道送花人到底是谁。一天早晨，当那名男子走进花店，下单要求花店像往常一样将花送到姑娘家时，恰巧那位姑娘正在店里。她听到了自己的地址，转过身来，他们就这样第一次相见了。"这么长时间我还从未见过如此难为情的一对，"花商说，"姑娘脸旁就有一朵硕大的红蔷薇，而她的脸简直跟蔷薇一样红。"

尽管三分之二的花都卖给女性，但用鲜花求爱永远都不过时。精明的花商尽力为方便男士光顾花店创造条件，因为走进堆满蕾丝和摆件的花店实在让男人伤透脑筋，但在像特里萨这样的街边花亭则会游刃有余。“这也许就是差异所在。”她提到有非常高比例的男性顾客经常光顾她的花店，“有位男士来到这里，想给女朋友买一束花，但又不确定她喜欢什么，我们就精心扎了一束花给他，两周后，这位男士又回来给女朋友买了更多鲜花。现在他已不再羞涩，有时也会为自己买花。我想会有更多的男士说，‘哇，我真喜欢用它们妆点我家，我也喜欢它们带给我的感觉。’我让他们加入我的日常花卉计划，很快我便会经常与他们碰面了。”特里萨还体会到了周末花店要坚持营业到晚上八点的辛苦。一天晚上，她关门较早，第二天得知，一位顾客在与一个女子第一次约会前来到花店，却失望地发现，“他的”花店已经关门了。

不过，特里萨也面临着与其他花店相同的竞争。在距她花店一英里的范围内，还有十几个地方出售鲜花，其中包括一些杂货店。但她的店与众不同：没人会在春天出售荷包牡丹，或是在夏天出售浅绿色的名为“爱的绽放”（love-in-a-puff）的藤蔓豆荚；而且大多数花店也不会出售有机花卉。她是一个特立独行的花商，会尽量为顾客着想。“人们有时会问我，为何要自找麻烦销售有机花卉，我们又不吃它们。”她说，“或者他们会感到纳闷，为什么街边的玫瑰都是 1 美元一枝，而我的玫瑰却要卖 3.5 美元。你知道我告诉他们什么？这种玫瑰费尽心血，有很多人为它辛勤耕耘。我不买来自厄瓜多尔的玫瑰，而是在圣克鲁兹县当地购买玫瑰，这是有成本的。”

今天的花店正处于一个十字路口，它们与社会变化同呼吸，共命运。如今，健康维护组织（HMO）的医疗保险让你只能在医院待上一两天，在出院回去工作之前，大部分人甚至没时间给你送花。你还可以在葡萄园举行婚礼，那里没有需要花束和花环去舒缓气氛的阴暗教堂。要举办晚宴吗？让花店在下午递送餐桌摆饰显得又贵又老土，倒不如自己在超市购物时顺便挑一些花。

如果长期关注花卉产业的调查和普查数据，可能会发现像特里萨这样的花店处境日益艰难。从1993年到2003年，花店的市场份额由34%下降至22%，但实际上切花的消费总额却在增长。同期，超市、仓储式会员店和家居装饰店的市场份额不断扩大，基本吞噬了小花店失去的那部分市场。人们从花店购买切花的价格可能会更贵——在一家花店的平均消费是37美元——但他们却能以更低价格从杂货店或其他折扣店买到更多鲜花。将消费者购买花店设计的艺术插花和购买超市及其他折扣店花束的情况进行对比，会发现两者差异尤为显著，切花消费额中有近一半都用于购买插花礼品，但其购买量只占美国花卉购买总量的五分之一。而在另一方面，花束的购买量占到美国花卉购买总量近半数，但其消费额却不到消费总额的三分之一。（消费者购买的其他商品为单枝切花，以及花环、胸花等花卉产品。）

所以人们会花更多钱购买由鲜花、绿植、泡沫、金属丝、缎带和蝴蝶结扎成的艺术插花，但购买频率却不像从市场上直接购买普通瓶插花束那样频繁。这也许是因为人们购买插花通常为了送礼，而花束则是为了自用，但事实并非完全如此。调查数据显示，约三分之二的花卉被买来作为礼物，另外三分之一则被花店称为自购花卉，但艺术插花购买量仅占总购买量的一半。这表明至少有些时候，人们也会买花束送人。例如，你可能会在母亲节给妈妈送上一个花店里买的插花摆饰，但在去拜访生病住院的朋友或去别人家吃饭时，也许会带上一束杂货店里的玫瑰。因此，在超市和折扣会员店等大型卖场中，不只有冲动性购买和自用购买，同时也有以送礼为目的的购买。

消费者需求与花店供给之间的差距可能会越来越大，美国国际花卉速递协会（FTD）的一项研究表明，23%的消费者想要单一品种花束，例如纯玫瑰花束或纯百合花束；但仅有1%的花店认为消费者喜欢这种单一花束。26%的消费者曾通过邮寄方式订购鲜花，即由零售商（通常是像 Organic Bouquet 这样的网店）将花卉装在盒子里递送给消费者，但花店却认为只有2%的消费者这样做。（消费者对网购经历的评价也比花店想的要高。）一般消费者认为一束花售价35美元比较合适，而花店的心理定价是45美元。

花店一直在努力思考如何应对这些变化。我采访过的花商都告诉我，他们希望美国人能够像欧洲人那样为自己购买更多的鲜花，仿佛这样有助于他们开展业务。虽然消费者的购买习惯因国家而异，但总体上在欧洲销售的花卉有一半左右都属于自用购买，即便是买作礼物，也往往出于非正式的目的，如用于庆祝生日或送给女主人等。欧洲的购买习惯较少以节日为中心，如情人节或母亲节，然而，欧洲的花店却希望消费者能在节日多多购买鲜花。他们这样想是有道理的，因为节日订单往往是繁复的艺术插花，并且需要送货上门，消费者更可能选择通过花店来做这些事，反之，美国花商所盼望的消费者自购行为增多，主要会使超市受益。

在如此环境下小花店要如何维持生计？有些花店没能撑下来。自1997年以来，已有近3500家花店关门，不开工资的零售花店数量增加了1300家左右，这表明在一些花店停业的同时，其他花店也缩减了规模。美国花商协会会员的年流动率高达25%，部分是由于那些过于理想化的花商在投资一家花店前，并未考虑到该行业耗时长、利润薄的情况。此外竞争也相当激烈，除了花店，现在有更多大型卖场，如超市、杂货店、折扣会员店和家装中心等也销售鲜花。

如今花店正在想方设法渡过难关，有些开始增加供应礼品和糖果，有些尝试延长营业时间并提供更多打折花束，其余花店则开始拓展公司和餐厅客户。花店的传统市场份额也有所下降，尽管婚礼用花的平均消费高达2200美元，但很多花商都向我抱怨说，如今的夫妻结婚越来越晚，并且要自掏腰包承办婚礼，因此用于买花的开销也越来越少。与此同时，一位花店店主曾对玛莎·斯图尔特赞不绝口，因为玛莎能帮他卖出他一直不敢企及的昂贵婚礼花卉。他谈到曾有位女士带着一张玛莎婚庆杂志（Martha Stewart Weddings）上的图片来到他的花店，图片上是一条装饰着白玫瑰、百合和洋桔梗的教堂走道。“这样布置非常漂亮，”他说，“但价格不菲，因此我们根据走道长度按码来报价，以免让新娘感到无法承受。”看到花店报价后，新娘的祖母来到店里，想知道为什么这些花如此昂贵。店主向新娘祖母展示了那张杂志照片，她恍然说道：“噢，我完全搞错了，我愿意承担这些婚礼花卉的费用。”最终，这位祖母决定买单。“花确实漂亮，”花店店主说，“但要不是因为玛莎，我们根本卖不出去那些花。真是可怜的祖母。”

被花店称为慰问业务的葬礼和医院用花市场同样受到了冲击。据美国花商协会报告，慰问业务曾占到花店销售额的一半左右，如今却只占22%。早在1902年的行业杂志文章中就声称，葬礼是“业务的支柱”，如果没有它，“大多数花商将难以为继”。因为鲜花与婚礼、葬礼及新生儿出生等生活中的重大仪式密切相关，随着仪式发生变化，花卉贸易也将随之变化。“曾几何时，无论经济形势怎样，花卉产业都能保持良好发展，”彼得·莫兰告诉我，“就是因为人难免生老病死。”但世易时移，随着住院时间缩短，意味着在朋友得知你住院之前，你可能就已经出院了，越来越多的病只是进行门诊治疗。至于葬礼，也可能不在教堂举行，不会安排瞻仰遗容，就只是亲友们聚在一起撒骨灰。

花卉产业一直在努力应对这些变化。20世纪，随着护士承担起更多专业性事务，医院渐渐抱怨他们的工作人员没时间照顾花花草草。为此，花店开始出售放在廉价花瓶里的小型插花摆饰，而不是像过去那样供应成盒的散装花卉。二战后，为解决看护短缺的问题，FTD甚至设立了护理奖学金。各种花卉行业出版物也提供形形色色的花饰设计创意，添加了糖果、包装精致的小礼品等新鲜元素，以及专为男士准备的啤酒杯、白兰地小酒杯、香烟和烟灰缸等。时至今日，医院和花店仍能发现彼此间业务存在交集。2005年夏，明尼苏达州圣保罗市的联合医院（United Hospital）宣布，将对接受花店送花并带到患者房间的服务收费5美元。这引起了花店和患者的强烈抗议，该地区其他医院也对此举表示惊讶，他们认为，为患者送花是他们最乐意做的事。最终，联合医院废弃了送花收费政策，而当地花店也同意协调递送时间和次数，将医务人员不愿处理的额外包花工作减至最少，并帮助医院招募志愿者。

从事葬礼花卉装饰的工作更为复杂。过去，花店常精心编制花毯覆盖棺木，并用白花和绿植制作花圈、十字架、马蹄铁和心形饰物。此类耗费大量人力的装饰品价格不菲。1913 年，这些别致的花饰价格不一而足，用鲜花做成一本打开的圣经形状要价 25 美元；为象征权威人物的陨落而用鲜花装点的空椅子则需花费 100 美元。现在，人们在需要时会选择送上比较简单的花卉饰品。对花店而言，最可怕的莫过于每天出现在全国各地讣告页上的四个字——“代替鲜花”。

这不是一个新问题，“代替鲜花”的说法早在 20 世纪初便开始出现，到 1959 年，有 14.5% 的讣告都用到这句话，并经常附有将相关费用转赠给慈善机构的要求。美国花商协会和 FTD 协会于 1951 年联手抵制这种在葬礼上不送花的理念，并开始在电视上做广告，并向葬礼承办人灌输慰问花卉的重要性。直到现在，他们仍建议花商教导当地讣告作者和殡仪馆使用不会对送花造成负面影响的表达方式，如“纪念性捐资可送至……”或“欢迎送花，捐资可送至……”。花店和殡仪馆必须共同努力，确保鲜花能在恰当的时间出现在恰当的地点，逝者家属也可以通过花上的标牌知道它们的来历，等等。这是一项辛苦而又充满激情的工作，尽管一些殡仪馆也在馆内开设了花卉售卖点，但花店仍要尽力保证自己不出局。想方设法在殡葬服务市场上分一杯羹听起来有点唯利是图，但正如彼得·莫兰指出的：“去参加一个没有花的葬礼，那场面实在太冷酷无情了。”

此外，花店还在努力维持他们在礼品市场上的份额。美国林业者协会（SAF）2005 年的一项研究表明，92%的女性受访者对她们最近一次收到的花卉礼物有印象，而在所有受访者中，有 97%的人对最近一次送出的花卉礼物有印象。彼得·莫兰提到，在该组织进行的另一项调查中，受访者被问及在情人节、母亲节，以及乔迁新居等多种场合是否适合送花作礼物。“令我们感到惊讶的是，几乎所有人都认为鲜花在任何场合都适用，”彼得说，“但表示遇到以上情况确实会去买花的受访者比例却不高，因为他们只是想不到要这样做。所以相较于其他商品，我们很少被提及。”其他相关调查显示，人们不买花的原因在于认为鲜花不够持久或花费太高，这在花商看来同样属于市场营销的问题。任何花商都可以飞快地说出一串儿价格与花卉饰品差不多甚至更贵，并且像送花一样持续不了多久的常见送礼形式：音乐会门票、香槟、精美的巧克力、外出就餐或是泡温泉。

因此，SAF 的营销策略重点着眼于两方面：通过广告破除花卉的负面形象；以及让公众相信接触鲜花确实有益。事实上，有数量惊人的其他商品广告正在尽力将鲜花挤出市场，稍加留意，就会发现它们无处不在。2004 年，百思买（Best Buy）推出了一幅平面广告，写道：“忘掉那些花吧，这个情人节我们将为您献上能营造浪漫的至尊好礼。”——指的是立体声音响和数码相机。2005 年，好时公司（Hershey）也打出一条商业广告，广告语是：“玫瑰送给谁？玫瑰说抱歉。”而最令大众惊愕的，是佛蒙特州泰迪熊工厂（Vermont Teddy Bear Company）坚持使用的营销口号：“用创意代替鲜花！”

美国花商协会针对此类广告进行了礼貌而坚决的反击，指出商业公司应根据自身特点推销产品，而不是通过贬低其他产品来抬高自己。被涉及的公司通常会快速回应，而且态度诚恳。它们纷纷致歉，承认不该通过贬低鲜花来促销巧克力或数码产品，并发誓不会再这么做。

但有时花商协会的温柔反击也会碰钉子。据协会报告记载，有一年，美国全国广播公司（NBC）《今日秀》（*Today Show*）节目的主持人艾尔·洛克（Al Roker）建议观众自己动手做纸花，而不是“倾囊”购买真花。洛克收到了SAF发出的一封善意的意见信，但他不客气地回复道：“我理解你们的担忧，但昨天当我走在曼哈顿街头，并未看到有哪家花店关张，也没见到有花商在街角挂着牌子说‘卖花糊口’。SAF得放轻松些。”

除了要确保其他公司不会动摇鲜花在礼品市场上的地位，SAF及其他行业组织还投入大量资源宣传花卉植物的好处。在SAF资助下，得州农工大学（Texas A&M University）开展了一项研究，跟踪观察几组研究对象处理各项办公室事务的情形：一些人的工作环境中摆放着鲜花和绿植，一些人的身边有雕塑，另外一些人则在毫无装饰的环境中工作。研究表明，被鲜花绿植环绕的人工作效率更高、解决问题能力更强，并且更富有创造性。SAF每年都利用这一研究结果在行政专员日（Administrative Professionals Day）——以前被称为国际秘书日（National Secretaries Day）——进行大力宣传。

2005年4月在《演化心理学》（*Evolutionary Psychology*）杂志上发表的一篇罗格斯大学（Rutgers University）的研究报告也常被花商们引用。该研究以一组女性为研究对象，她们会分别收到三种不同的礼物：一束由玫瑰、百合和紫罗兰组成的混合花束（与SAF协商后进行的搭配）；一个果篮；或是一根工艺柱蜡。研究人员观察这些女性在收到礼物时的反应，并特别留意她们是否会发出“杜兴微笑”（Duchenne smile），这是一种难以伪造的独特面部活动，代表了发自内心的真诚微笑。观察发现，所有收到鲜花的女性脸上都露出了杜兴微笑，这在收到果篮和蜡烛的女性研究对象中出现的比例分别为90%和77%。（当我听说这项研究时，不禁好奇他们是否故意营造出对鲜花有利的条件。果篮？蜡烛？很难想象会有女人对此类东西有感觉。但可供选择的其他更有意义的礼物也都有问题——巧克力争议性太大，因为有些女性可能要节食；而珠宝又过于昂贵。）

收到花的女性不仅当时很开心，并且在几天后仍然比其他女性感到更幸福。由此可知，与收到果篮和蜡烛相比，鲜花能够让人感到更快乐。这一发现令SAF兴奋异常，并随即启动了一项全新的“鲜花疗法”活动：提出用奶油色、桃红色和嫩黄色花卉组成有滋养功用的花束，让人们“感到安全、温暖和关爱”；或是用浅绿色和天青色花草制成恬淡风格的摆饰，让人们能“在生活压力下享受片刻安宁”。

我能理解那些行业组织的种种努力，他们在试图对人们买花的原因进行量化，并在此基础上扩大市场。但这很难实现，而且有些举措似乎有点太过了。以最近推出的一则户外广告为例，上面是三个大小不同的花束，并配着“她究竟有多疯狂”的广告语。我遇见的大多数花商对这则广告都不解地大摇其头。“女人讨厌这样。”一个花商说，“女人如果疯狂的话，她们必然有正当的理由那样做，不是单靠送花就能解决的。另外，我不希望男人们将我的花店视为他们受到女人冷落时不得不去的地方，那对大家有什么好处？”

像特里萨·萨班卡亚这样的花商似乎不会受这些问题的影响，或者更确切地说，特里萨通过经营一个更亲民的特色小花店可以规避这些问题。她有一个客户群，他们都喜欢从她那里买花。她的年销售收入远低于每年29万美元的行业平均水平，但不管怎样，也许经营一个小店就让她觉得挺满足。特里萨不像普通花店那样大批购进百合、康乃馨和菊花等常见花卉，虽然她是SAF成员，但凭借《玛莎生活杂志》(*Martha Stewart Living*)里一幅插在蛋形花瓶中的勿忘我图片，就可能比从协会广告牌上获得更多的销售收入。

更重要的是，特里萨的服务特色与FTD或Teleflora之类的大型在线服务商完全不同。在本地订购鲜花并递送至其他城市或国家时，一般都要通过这些服务商进行在线交易，此时人们只能选择在线服务商设计好的标配样式。特里萨告诉我："我不喜欢受限于他们的设计标准……不是每个人都想要FTD式的插花，也不是每个花商都愿意受他们的设计部门摆布。"这种说法还算委婉。我采访的一些花商说话更不客气，很直白地抱怨那些在线服务商将玫瑰、蕨类植物和满天星搭配起来的沉闷设计，对花卉产业造成的损害比"代替鲜花"的说法、廉价的超市花束以及带农药的进口花卉加起来还要大。(这种抱怨其实是老生常谈。19世纪晚期，一位花商就曾抱怨"当今的花卉装饰带着旧时代的呆板与僵化"；1923年一本关于花卉设计的书也曾抨击维多利亚时代的花卉设计"不自然、浮华、太虚假"。)

在花卉设计领域，玛莎·斯图尔特的名字一再被提起，因为她的设计理念像火车头一样贯穿行业发展始终。她让百日草再度流行；曾切下一朵朵菟葵花，让它们漂浮在敞口杯中当作餐桌摆饰；将长茎牡丹和玫瑰的花朵摘下来堆在浅碗里，并把短梗香豌豆和三色堇放入香槟杯，使它们显得高挑优雅。她掀起了市场对黄绿色花朵和单色花束的狂热，促使人们到花店寻找观赏苋和洋葱花。她很少用到满天星和革叶蕨，除非能找到新奇而意想不到的使用方式。有位花商告诉我，那些在线服务商根本跟不上玛莎的设计步伐，它们甚至不愿去尝试。

在线花卉递送服务始于20世纪初，它在花商之间形成一个特殊的体系，帮助消费者把花送到其他城市。花商们通过电报传送订单，每束花都砍掉20%的费用。想要与同行进行在线订单交易的花商可以在行业出版物上登广告，这种刊物上一般会有很多页小广告，提供全国鲜花速递商的信息。为节省电报费，他们开发出了一套复杂的代码和缩写系统，以便能用最少的字描述花束。（即使当电话投入使用后，发电报也往往更经济。花店会致电当地的西联电报公司（Western Union），由此将订单用电报发出，而不是让信差带着订单一天往电报局跑好几趟。）尽管这套系统运转良好，但花商们仍希望能有一个更正式的网络，于是在1910年，国际花卉速递协会（Florists' Telegraph Delivery Association，简称FTD）应运而生。

起初，加盟花店要向FTD交会费，用于资助广告，进行节日促销。到20世纪50年代，其他在线服务商如雨后春笋般涌现，与FTD形成竞争。1956年，法院裁定FTD禁止其会员加盟其他在线服务商的政策违反了《谢尔曼反垄断法》（*Sherman Anti-Trust Act*）。不过，FTD在在线服务业中仍然占据主导地位，它于20世纪70年代末建立了电子网络，在20世纪80年代中期推出的"Pick Me Up"成品花束也取得了巨大成功。如今，FTD大约有两万家会员店，其竞争对手——始创于20世纪30年代的Teleflora，则号称拥有24,000家会员店。

近来花商们不仅对在线服务商的设计标准限制有诸多抱怨，同时也对他们的收费与服务方式大为不满。通常，接下订单的花店会收取20%的佣金，在线服务商再扣除一部分，最后履行订单的花店只剩下不到75%的利润。“接单商”指那些自己不销售鲜花，只是通过互联网或免费电话承接订单并从中收取手续费的第三方公司，他们的大量滋生被视为花卉行业的特有问题，他们对消费者不承担任何责任，并会从实体花店抽走微薄的利润。一些电话订购中心甚至以与附近花店极为相似的名称，花钱在当地的电话簿中投放信息。这些接单商无处不在，让人避之不及。我在网上搜索阿尔伯克基（Albuquerque）的花店时，前几页置顶的搜索结果大多是打着“阿尔伯克基花店”名号的接单商。这种做法对花商伤害很大：《亚特兰大宪法报》（*Atlanta Journal-Constitution*）2005年一份报道中称，花商听到越来越多的消费者抱怨，他们通过那些电话订购中心下订单，本以为是在跟当地花店做交易，但他们的信用卡被扣款后，却始终未收到所订购的鲜花。美国花商协会一直致力于推动立法禁止此类欺诈行为，协会发言人曾提道：“一些网商的行为的确造成了很多困扰。我们担心的是，如果消费者（对花卉业）感到失望或不满，他们就会放弃鲜花，转而选择其他礼品。”

不过，花店仍有约四分之一的销售收入来自在线订单，因而需要有一个远距离送花系统。我已习惯于查看一家固定的在线花店（我偶然发现了一份同性恋牛仔竞技活动的赞助商名单，并最终在上面找到了阿尔伯克基当地一家有名的时尚花店——玛莎·李花店（Flowers by Martha Lee）。我致电这家真正的花店，店主耐心地向我描述了他所有的产品，便于我订购自己想要的花束），但花卉产业也出现了一些可以替代接单商和传统在线服务商的新模式。例如，B Brooks唯美花店（b brooks fine flowers）为专业花店提供全新的在线服务，特里萨·萨班卡亚花店就是其成员之一。

公司创始人巴贝拉·布鲁克斯（Barbera Brooks）是位心直口快的南方人，对蕨类植物搭配满天星的传统设计感到很不耐烦。浏览一下她公司网站上出售的浪漫玫瑰鲜花礼品，就能了解她对玫瑰的看法："一般的花店都是将一打玫瑰与满天星和蕨叶搭配在一起……这种一打长茎玫瑰的传统设计虽然比较实惠，但却显得呆板僵硬，并且几乎没什么味道，在我们B Brooks唯美花店看来毫无浪漫可言。"与此不同，巴贝拉将玫瑰与东方百合及大量填充植物搭配在一起，使之"香气怡人，花束巨大、繁茂，从花瓶中满溢而出"。

人们可以按照大小和总体风格选择插花礼品，但大多数消费者要么在可承受的价格范围内直接选择"设计师搭配"，要么致电B Brooks，告诉店员自己的需求。"你可以给我们打电话，"巴贝拉说，"告诉我们，'我想送花给侄女，她非常讲究，即将从奥斯汀一家大学毕业，她喜欢颜色淡雅柔和的花。'接下来我们会对这份订单进行重新诠释，并发送给当地一家花店，要求他们提供配有嫩绿植物的浅粉色牡丹插花。我们的鲜花礼品完美、奢华、季节性强。顾客无需到处打电话找花店，还要向他们解释不要满天星和蕨类植物。你无需多言，甚至不必亲自上门。我们的花店不用那么麻烦，只要告诉我们，'我要粉色的花'，我们就会呈上你想要的新鲜当季花卉。我们当然有自己的审美标准，客户们要么接受我们的风格，要么选择其他花店。"

B Brooks的销售网络覆盖了600家花店，全都经过精挑细选。"有很多花店给我们打电话，”巴贝拉说，“但申请加盟者中也许只有十分之一适合这个市场。我尽力向他们解释，我们的平均订单额超过一百元，你必须知道该怎么做。这是一个高端的小众市场。”

巴贝拉认为，制约公司成长的因素之一是那些寿命短暂的专用花卉导致成本高昂。“作为礼物它们仍然物有所值，但是”，她说，“你不会每周都打电话给花店，要求订购一个 5 英寸见方的餐桌摆饰。”尽管巴贝拉从事花卉业务，但她自己买花时却经常去杂货店而不是花店购买。“我每周都去杂货店买花，”她说，“比如要在盥洗室里摆上三枝‘星象家’百合，只要适合，我就会去把它们买回来。”

只要你知道自己想要什么，就能在 B Brooks 的销售网点中找到一家合适的花店。时尚的高端花店不会浪费空间摆放天使或是爱尔兰雪达犬的陶瓷雕像，也没有装在柳条篮子里的藤蔓植物或是奶牛花纹的擦碗巾。在这种店里不常见到康乃馨，即便有也是制成新奇的样式，比如将花剪短、压紧，铺放在矮小的方形花瓶中。你可能会发现一些叫不上名字的花，也可能看到此前从未想过会养在花瓶里的植物种类，如豆荚植物、芦苇草，甚至微型草甸等。

曼哈顿的花世界（Flowers of the World）就是一家这样的时尚花店，店主叫彼得·格隆塔斯（Peter Grontas），他的花卉帝国里还包括华尔道夫－阿斯多里亚酒店（Waldorf–Astoria）里的鲜花饰家（Floralia Decorators）。我在阿斯米尔拍卖会时，Florimex 公司的卡洛斯·巴乌桑托斯在举例说明参加拍卖会的高端客户时，曾经提到了彼得，所以这次我前来拜访这位花店老板。鲜花离开荷兰式拍卖会后，其中一个去处就是花世界。

在2月一个狂风大作的下午，彼得匆匆走进位于西五十五街的店铺，一边还拍打着衣服上的落雪。他大概四十五六岁，满头黑发，相貌英俊，魅力四射，似乎与花卉业有种不可捉摸的、更深层的联系，与我以前遇到过的其他业内人士不同。彼得不像其他种植者那样，只是把花视为田间地头长出来的作物。对他而言，鲜花不是批发商大量贩卖的货物，不是杂货店里可带来利润或亏损的商品，同时也不是什么特别自然的东西，就像园丁之所以喜欢甜豌豆花，不只是因为它们在花瓶的迷人风姿，还因为它们可以在夏天爬满篱笆并盛开数月。而彼得似乎并非通过动手栽培的方式与花有联系。

彼得过着典型的大都市生活，而鲜花正是用来表现这种风格的确切方式。环视彼得的花店，可以看到巧克力色的墙壁，鲜花像珠宝一样陈列在房间中央唯一一张桌上。在这里，对完美鲜花的渴求展露无遗。不同种类的鲜花分别捆扎成束放在透明的玻璃花瓶中，有深紫红的马蹄莲、暗紫色的风信子、美丽的丁香花和鹦鹉郁金香。不可否认，这些花都是极尽奢华的奢侈品，可以买来作为一种嗜好或身份的象征。还有那种白色的马蹄莲，跟我家厨房门外角落里默默绽放的马蹄莲一模一样，在这里要卖到10美元一枝，而玫瑰每枝要8美元，即使是一枝橘色毛茛也要卖到6美元。在这里，厄瓜多尔玫瑰修长的茎简直是浪费，大部分花都被修剪至八英寸长短，以便让人们的注意力集中在完美、绚丽的花朵上。

彼得在纽约长大，他父亲在曼哈顿金融区有一家商店，专为华尔街的公司及职员提供服务。“他干得很出色，”彼得说，“但却不开心，他总觉得自己从事的不是什么高贵的职业。我不知道是为什么。他尝试开拓其他业务，而花店是唯一能赚钱的。”他父亲主要从长岛和新泽西的种植者那里进货。“每年这个时候，”彼得说，“父亲会购进剑兰、菊花、百合与康乃馨，花的颜色只有白色、薄荷色、红色那么几种。有一些绿植，当然还有玫瑰。那些玫瑰都长着永远也开不了的小花头。”

彼得刚开始做事时遇到了一个经营橱窗展示事务的人，彼得原准备接管这人的部分业务并开始自立门户。就在这时，父亲要彼得请一周假，帮他开一家新店。“那个礼拜我去父亲那里工作，”彼得说，“然后就再没离开过。”他像个孩子一样在花店里打杂，主要是切割花泥泡沫和打包订单，但这是他首次直接与花打交道，并从此开始了自己的花商生涯，一直为父亲工作了十二年。

“我的父亲很难相处，”彼得说，“这让我学到了很多东西。他擅长摆弄花卉，但在与消费者、供应商和员工相处的问题上——嗯，我学到了有哪些事情不该去做。”彼得结识了一位商业伙伴，并在纽约开了许多家门店，包括华尔道夫－阿斯多里亚酒店里的鲜花饰家，以及世贸中心大楼里的一家花店（在世贸大楼出事的同时被毁）。最近，他接手了一家位于市中心高岛屋百货公司（Takashimaya department store）里的花卉精品店。这家精品店并非藏身于百货大楼中不起眼的地方，而是第五大道上的临街商铺，紧邻一家出售上万美元手袋的意大利时尚服饰店，隔着几家店铺，便是戴比尔斯钻石珠宝旗舰店（De Beers）。他告诉我，要在那种环境里开好花店并获利确实极具挑战。“我们要面对现实，”他说，“鲜花不是人们生活的必需品，而是一种奢侈品。要让花店保持赢利不亏损可不容易。这里地价昂贵，标准极高，客户也很挑剔。”

彼得的签名花束非常与众不同。他的插花设计简单又不失华丽，通常只用一到两种花和有限的色彩构成。“人的眼睛只能看到有限的东西。”他说，“我知道色彩可以使人兴奋，但对于鲜花，色彩不应总是占据主导，而应作为能够烘托鲜花魅力的补充。华尔道夫酒店的宴会厅可容纳一百张桌子和一千一百位客人，但我不会在那里摆上 15 或 20 种花。我会用成千上万枝同一种类、同一颜色的花来布置现场，这看起来让人赏心悦目。”

彼得店里密实而奢华的插花摆饰非常受欢迎。“现在大家都喜欢这种插花，”他说，“我们设计的插花不会看到茎部，只有花朵露在外面。我会用叶片把花茎包好放入玻璃花瓶，这样人们就看不到它们了。我们所有设计都是为了突出花。”由于彼得专营高端市场，因此不会受大量涌入市场的廉价花卉的影响。“我们决定走高端路线，这样就不必陷于大众花卉市场的竞争。”他说，“大众市场上，每朵花相差 3 美分就会大为不同，并且买到的花可能已经在迈阿密待了一星期，也可能是从没什么名声的批发商手里拿到的处理货。街角的杂货店吸引了人们对鲜花的注意，但问题是，那里的花过于廉价，质量很差。花 15 美元买两打玫瑰，却只能养两天，这感觉可不好。倒不如花 50 美元买一些完全盛开，并能持续十天的玫瑰。”他说的有道理，但 50 美元在他店里只够买“几朵玫瑰”，你要花 75 美元才能买到一个郁金香和玫瑰插花，或者花 450 美元买下一个插满四打“大奖赛”玫瑰的花瓶。

彼得希望能让人们在高品质花卉上花费更多。令人惊讶的是，有时他甚至不得不解释他的花与杂货店花束之间到底有何不同。他指出，毕竟当人们面对价值分别为 30 美元和 5 美元一瓶的酒时，对前者的期望要更大。鲜花不也是如此吗？“我们出售的花各式各样，”他告诉我，“客户的期望也各不相同。我为花付出了很多，这不仅出于我对它们的热爱，也由于这是我赖以谋生的事业。唯有这样，我才一直从事这个行业。”

他停顿了一下，环视商店，我们交谈的时候，人们进进出出，从商店中央一张桌子上的玻璃花瓶里选购花卉。“我一年要去好几次荷兰，”他说，“我喜欢八月去那里看新鲜花卉。我最喜欢做的事情之一是站在拍卖场中央，看着成千上万的推车从我身边经过，再没有比这更美妙的事了。你知道什么让我惊叹吗？鲜花的每个部分都那么美丽。看着一朵玫瑰经历今天、明天、后天，随着时间推移不断变化。以前出售的玫瑰都是包得紧紧的花苞，但我们店里的玫瑰却是盛开的。哪怕是枯萎，它们也有自己的美。”

大多数花商不会浪费宝贵的时间，停下工作专心看着玫瑰甜美地衰败，他们只想努力在新一轮竞争浪潮中生存下去。最近有人尝试创建全国花卉特许经营店，打造花卉品牌认知度。而令人惊讶的是这一过程竟耗时甚久。要想找到一个并非由连锁餐厅制作的汉堡，或是想在一个家庭药房中配药并不容易。但即使在我们这样的小镇，也会有几家独立经营的本地花店。著名的1-800-FLOWERS.COM网上花店销售额高达6.5亿美元，旗下有上千家分店接受电话或在线订单，在全国还有超过100家特许经营店和公司自有的店面，但它要在街角开一家鲜花礼品店，或是买下一家花店的产权需要多长时间？此外还有拥有120家门店，并计划到2006年年底再开设300家门店的KaBloom花卉连锁店又将怎样？

每家花卉连锁店都有一套主导零售花卉市场的战略。1-800-FLOWERS.COM大举进军礼品市场，将鲜花与歌帝梵巧克力（Godiva）、Gund公司毛绒玩具、雷诺克斯（Lenox）和沃特福德（Waterford）工艺花瓶搭配出售。（有一套情人节促销产品是一束价值一千美元的精选玫瑰花束，配上一瓶唐培里侬香槟王（Dom Perignon），一个沃特福德水晶花瓶和一对香槟杯，甚至还有一条钻石项链。）与之不同，KaBloom鲜花超市的运作模式致力于让人们将鲜花当作一种日常用品，而不只是用于某种场合的特殊物品。这一目标相当有野心，因为是大众市场零售商，而非花店，实际占有着自购买方市场。（从公司网站可以看出，KaBloom将自己视为“花卉业中的星巴克”。）每家KaBloom连锁店都有大约两百种花卉产品，其中大部分都在店里公开展示，让消费者可以尽情赏玩、细细品嗅，而不是像传统花店那样，将花放在玻璃柜台里，或是摆在屋后的保鲜柜中。

其中一家最具创新性的新型零售店是迈阿密的鲜花牧场（Field of Flowers）。店主唐·弗利普斯（Donn Flipse）是一位第三代花商，于1990年开了这家店，致力于打造国内第一家花卉超市。如今他在迈阿密地区拥有三家店铺，虽然每家店都略有不同，但却秉持同一个经营理念：拿出约一万平方英尺的店面摆放鲜花，让消费者随心所欲地选购和搭配花卉。

消费者可以像在其他零售花店那样，给鲜花牧场打电话订花，并要求送货上门。也可以进店从自助保鲜柜或店中展示的混合花束中自行挑选搭配，或是让工作人员根据自己的要求进行插花设计。设计工作完全公开，而不是躲在柜台后面的工作间里进行，让人们感到花艺设计并不神秘，而是任何人都能学的一门技艺。

店里最棒的景象，是一排排装满同种颜色花卉的桶，第一排是红色花桶，接着是一排橙色花桶，然后是黄色花桶，各种颜色依次排列。还有一条走道摆满了用作填充材料的绿植，以及一排豆荚植物和枝条装饰。消费者也可以选择种植者包装的花束，它们看起来就像直接来自迈阿密机场，仍旧裹在纸板中，保持着离开农场时的样子装订在一起。消费者挑选好花后，可以自己在一个工作台上用店里提供的剪刀、包装纸和养料包装花束。店里有一条走道专门摆售盆栽、花瓶、丝绢花和专业花卉用品，并鼓励消费者在这里策划婚礼。要是伴娘们无法胜任在婚礼前一天制作 40 个桌面摆饰的工作，鲜花牧场每周还有设计课程，可以帮助她们搞定这些。

我在迈阿密时无可救药地爱上了鲜花牧场连锁店，并曾欲罢不能地花一整天开车从一家分店前往另一家分店。这里有我在世界各地见过的所有花卉，如今我终于可以每种花都买上一枝——一枝绿色的伯利恒之星（star-of-Bethlehem），一株带籽的尤加利，一枝“林波舞”，还有一枝“星象家”百合。许多鲜花的售价每枝约 1 美元，包括色彩艳丽的红色与橙色厄瓜多尔玫瑰（当时距离情人节已没有几天，大部分花店的插花都已卖到 80 美元），以及绿意盎然的绣球花，冬天在其他地方很难找到这种花。这里就像是个面向普通零售消费者的批发市场，毫不铺张，极其简洁，采用大型超市设计，让消费者可以买到来自世界各地的最绚丽的鲜花。这里所有花都有严格的瓶插寿命保证：大多数是七天，一些易凋谢的特殊花卉则是五天。我完全着了迷，用从三家超市收集来的奇花异草填满了单调的酒店房间，并留在那里，让客房服务人员摸不着头脑。

好市多（Costco）也成为花卉市场的重要一员。这家会员制仓储量贩店目前是美国第五大零售商，凭借优厚的员工待遇——平均工资每小时17美元外加丰厚的员工福利，以及按批发价供应高端产品而逐步树立起良好的声誉。公司CEO吉姆·辛尼格（Jim Sinegal）顶住了华尔街分析师的压力，反对通过削减工资或涨价来增加利润，好市多商品价格的最高涨幅只有15%。辛尼格坚持认为，员工和消费者忠诚度带来的收益远足以弥补高额工资及微薄利润的不足。好市多模式关键在于两个概念：简约与奢华。例如，每家好市多量贩店只经营几个牌子的泡菜或蛋黄酱，但通过流水线式的大量选购，可以显著节省成本。除了常规商品，这里也会供应奢侈品，纽约时报记者史蒂芬·格林豪斯（Steven Greenhouse）曾这样描述："沃特福德水晶工艺品、法国高档红酒，以及价值5000美元的项链散布在卫生纸之类的日常商品中。"这使一些有钱的消费者经常光顾超市来寻找好东西。

这种营销方式在好市多的切花商品销售中非常明显。好市多从全国各地的供应商那里购买鲜花，这些供应商负责花卉采购、制作花束，甚至在进入超市后继续照料鲜花。为了尽量使鲜花和其他商品一样简单易管，超市要求供应商只使用三种SKU（库存单位，确定产品和价格的唯一编号）：一种用于管理混合花束，一种用于管理种植者花束，一种用于管理玫瑰。每个SKU的定价约为10到15美元，由供应商负责找到每个库存单位相应的花。

沃森维尔市的批发商杰夫兄弟（Jeff Brothers）帮助好市多设计了切花销售方案，并为其位于加州北部的连锁店供应鲜花。"他们的规矩不多，”杰夫说，“其中一条是永远不要欺骗消费者。他们非常诚实守信。还有其他一些要求，比如每束玫瑰都要有24枝花，但事实上只要物有所值，其余的事他们并不关心。我可以随心所欲地制作各种花束，这都没问题，但要是人们能在别的地方买到更便宜的花，你就死定了，你会被判出局。”好市多一直在想方设法降低商品价格。以前18枝玫瑰的售价为14.99美元，但现在24枝玫瑰的售价只要12.99美元。“哎哟，”杰夫说，“这可真痛苦，但那就是我们要做的。”

好市多的“寻宝”心态在切花销售方案中也有一定体现。“我们店里无法摆放5英尺高的长茎玫瑰，”杰夫说，“因为我们没有配套的容器运输或展示它们。我们对于常规花卉游刃有余，但你知道，有时莱恩·德弗里斯种植的法国郁金香或一些更具异国情调的东方百合花茎会很长，把它们卖给好市多可以让这些花脱离批发系统，而不会对市场造成冲击。太阳谷打电话说，‘这是我们的产品。’然后我们直接把花送往超市。第二天这些花会出现在好市多，随即便一售而空，不知何时能再见到它们。”尽管在花的尺寸上可能没有太多灵活性，但好市多仍然装备齐全，能够很好地展示鲜花。那些花被摆在湿度和温度可控的展台上，即便外面没有玻璃门阻隔，也能使花保持在35华氏度（5.4摄氏度）左右，并且与大多数超市不同的是，这里的花束都远离农产品。

另外值得一提的是，好市多的供应商行为准则包括禁止使用童工，以及遵守劳工和环境问题最低标准等。好市多目前并没有特别采用哪一套切花标准，如果VeriFlora花卉认证项目能够成为国家标准，将有利于各大公司将其作为供应商的通用标准，好市多就很有可能会这样做。“辛尼格很了不起，”杰夫告诉我，“他关心员工，这可不只是为了作秀。他确实很看重经营利润，但也尽力在各方面都行事得当。他知道自己在做什么，他们都严格照章办事。”

好市多的消费者可能会像在其他杂货店或批发折扣店那样进行冲动性购买，但随着时间推移，会有越来越多的人专程来好市多买花。一些门店的花卉销量极大，以至于需要每天补货。低价格也给好市多带来好声誉，零售花商会去那里为自己的花店采购鲜花，比从批发商那里拿货还要便宜。在好市多的网站上，购买大宗鲜花还有折扣价，例如，如果能一次性购买150枝花，每枝六出花的价格就只要75美分，而每枝玫瑰的售价也就刚过1美元。如今甚至可以在好市多选择婚礼装饰：一个结婚礼包售价700美元，里面包括花束、腕饰、胸花及桌面摆饰。（秉持超市大量供应少数品种的一贯理念，可供选择的婚礼花卉只有玫瑰和绣球花。）与一般花店动辄两千多美元的账单相比，不难看出好市多的婚礼花卉对消费者有多大的吸引力。

但鲜花所承载的情感将源于何处？尽管价格低廉，但我不知道盒装的婚礼花卉能否流行。人们可以培育出完美的花，让其在完美的环境中成长，并在完美的34华氏度（3.6摄氏度）条件下被运往全国各地，但当花到达花店时，仍需要被赋予一丝人性温情。花店掌握着这最后一个砝码，花商们具有赋予花情感，让其更有人情味的能力。

以母亲节为例，这其实是由花商发明的节日。最初，这个节日是为了让为人儿女者有机会通过在扣眼上别上一朵白色康乃馨，以此向母亲表达敬意。母亲节始于1908年，当时一位叫安娜·贾维斯（Anna Jarvis）的女子给社会各方写信，其中也包括《花商评论周刊》（*Weekly*

Florists' Review)，建议设立母亲节。她将节日定在五月的第二个星期日，因为她母亲就在这一天去世。“赶快行动起来，”她催促花商，“这一天距离阵亡将士纪念日（Memorial Day）不远，并且此时鲜花便宜而充足。”花商真的开始着手推动建立节日，贾维斯的想法大获成功，不过她与业界在只用白色康乃馨作为代表花卉的想法上发生了争执。花商们希望使用更多种类的鲜花，部分是因为种植者无法马上供应足够的白色康乃馨。

随着时间的推移，母亲节成为固定的送花节日，人们趁此机会向母亲传达无法用其他方式表达的信息。二战期间，一名士兵通过在线服务商给母亲送花，这位母亲写道：“虽然远隔千里，却能收到他的鲜花，这就像是个奇迹。”如今，半数消费者仍会在母亲节购买鲜花，他们不只是将花送给母亲，还会送给女儿、妻子和祖母。

婚礼仍是与浪漫联系最密切的花卉活动之一，花店在其中扮演着不可或缺的角色。1840 年维多利亚女王大婚时，身穿的洁白婚纱上就点缀着香橙花。鲜花一直是婚礼的一部分，但多亏了维多利亚女王，新娘们比以往任何时候都更愿携带象征其情感的花束，花商们也开始用鲜花隆重装点蛋糕、椅子、圣坛和桌面。婚礼花饰是花商从事的最为复杂的工作，精心编制的头饰和层层叠叠像瀑布一样垂下的花束也渐渐开始流行。即使在今天，花商的压力仍然很大：婚礼花卉必须新鲜、完美，与新娘的梦想相匹配。很难想象一盒从仓库搬来的花能符合这种梦想。

随着婚礼形式不断变化，花商们也找到了能让鲜花同以往一样发挥重大作用的方法。2004 年 2 月的一个早晨，我打开报纸，看到新当选的旧金山市长加文·纽森（Gavin Newsom）宣布，政府工作人员将在市政大厅为男女同性恋伴侣举办婚礼。你无法不为这种景象而动容：人们冲向市中心，来不及事先告知，顾不上选购戒指或通知亲友，只为了要与伴侣间的关系合法化。我永远不会忘记一张有两名男子的照片，他们每人胸前都挂着一个女婴，手牵着手说出彼此的誓言。这是旧金山经历过的最浪漫的情人节。

在明尼阿波利斯市，格雷格·斯坎伦（Greg Scanlan）和同事蒂莫西·霍尔茨（Timothy Holtz）聊起每天从市政厅冲出的一对对新人——他们希望可以现场见证这一盛景。斯坎伦说："如果无法前往，可以送鲜花表达祝愿。"那天他们联系了一家旧金山的花店，订购了一束花，要求将其送给任何一对排队等候结婚的情侣。

这一做法在互联网上传开，直到那个周末，花店每天都会接到上百个订单。大部分的收信人都只是写着，"致幸福的情侣"，有一些还加了更亲昵的备注，例如"一位 87 岁的祖母给你们祝福"。花商在花店里进进出出，尽最大努力回应客户们感人而急迫的需求。他们在接到订单后几小时内，就将能够把一个陌生人的爱与希望传递给另一个陌生人的花束聚集起来，冲出店门，将其交到某人的手中，而这是大型超市无法做到的。

纪录片制作人彼得·道尔顿（Peter Daulton）拍摄了一部关于此事的电影，名为《来自心田的花》（Flowers from the Heartland）。他前往明尼苏达州采访了一些送花的人，其中有男女同性恋、异性恋伴侣、父母和祖父母，甚至还有教会会众，他们都认为只有鲜花才能表达自己想对这些排队等候结婚的情侣所说的话。我看到这部电影时，被这些中西部人的质朴所感动。他们不是政治活动家，不想发表什么声明或是向国会传达信息，他们只是想送花。为什么？这些人给出了一些理由：尽管不能亲自到场，但仍希望现场的情侣们能够感受到他们的存在；为了让那些新人知道，在某地有某人祝他们幸福；而最重要的，因为这是婚礼，大家都知道，婚礼需要鲜花。

美国人每天都要买上千万枝切花，在我看来，这实在不算多。按日计算，相当于每25人才买一枝花。换个角度看，男女老少每人每年只能得到14枝花，相当于每个月只有一枝多一点。一个月才一枝花，这可让人怎么过？

在我追逐着鲜花走遍世界的一年里，我养成了一个习惯，每次遇到买花的机会都会让我停下脚步。现在我意识到，无论是杂货店里的雏菊和菊花，还是超市里的百合，抑或街摊花桶里的玫瑰，要是哪天看不到花，这一天简直无法度过。郁金香种植者正在试验真空包装技术，类似于混合沙拉保鲜袋，将切割后的郁金香装袋密封，在无水的情况下，像薯片一样挂在架子上；甚至可以在奥克兰机场行李提取处的自动售货机上购买鲜花，只要从投币口放入20美分，就会出来一打红玫瑰。（运气好的话，你可以一手提着女友的行李箱，一手递给她一束红玫瑰，在她发现自动售货机并意识到这束花是个马后炮之前，领着她走出机场。）

这对我们又有什么好处呢？当我想到为了培育更好的鲜花、更有效地进行种植、更快地推向市场，使其拥有更长的寿命而花费的所有时间、金钱和精力时，禁不住怀疑整个行业是否在试图解决我们并不知晓的问题。有了蓝色的玫瑰、无花粉的百合，或是能在瓶中存活20天的非洲菊，会让我们生活得更好吗？维多利亚时代的花束杂乱、短命、香味粗犷，但也未使它们丧失浪漫和美丽，那么我也一样。

现代鲜花不是塑料制成，它们货真价实。它们也不是什么科学怪物，而是我们不断修改处理的结果，而且一些情况下的结果还挺好。没有人能否认，莱斯利·伍德利夫的“星象家”是一朵奇葩，也没有什么能代替我在情人节对内瓦多公司巨大的“埃斯佩兰斯”有机玫瑰的渴望。这些都是巧夺天工的艺术杰作。也许我还没准备好接受蓝玫瑰或者巧克力味的丁香花，更不用说在花瓣上印金字，或是由自动售货机卖出的花束，但我认为，花卉产业做出的正确选择终将多于其所犯的错误。我希望鲜花能变得更好，比以往任何时候都更有趣、更新奇、更多彩、更芳香，当然寿命也要更长。

要是有人声称造出了完美的鲜花，我会第一个排队购买。

后记：情人节

霍耶尔花店里的电话响了，店主奥兹·霍耶尔（Aus Heuer）放下正在拆封的玫瑰，抓起电话。"不，不算晚。"他说，又听对方说了一会儿，"是的，连税带快递费，一共87美元。"

电话挂断了，奥兹——全名是奥斯本（Ausbern），但大伙儿都叫他奥兹——把电话放回去。"那家伙想干什么？"他嘟囔着，"现在可是情人节的中午。"他困惑地摇了摇头，回去继续拆封玫瑰。

这是奥兹在尤里卡市（Eureka）第五街开店以来，第35次面对情人节的冲击。多年来，他建立起一套精心设计、运作良好的系统帮他度过这个繁忙的节日。花店里虽然忙碌，但却安静无声，井然有序。要为几百对小镇夫妇当好红娘更需要讲的是规矩，而非浪漫。

情人节是花店一年中最忙碌的一天，这一天的鲜花销量占全部切花销量的三分之一，正如邦妮·施瑞伯所言，一切都必须发生在2月14日。这不像圣诞节，花店业务可以分散在几周进行，在情人节，所有事情都集中到这一天。

能够事先预见一年中最繁忙一天的景况，让花商们多少可以松口气。人们在2月14日的行为是可以预测的，几乎三分之一的美国成年人会在情人节购买鲜花或绿植。这些人中约半数想要玫瑰，大多是红玫瑰。有三分之二的订单来自男性，这其中80%的男性会给妻子或其他重要人物买花。（另外有8%的男性会给母亲和女儿送花，剩下12%的男性则会给朋友或“其他人”送花。尽管没有数据表明最后一类男性的行为会引起某种程度的兴奋或混乱，但我对此有自己的看法。）女性在情人节主要为自己或母亲购买鲜花，但也有18%的女性会给丈夫或恋人送花。

花商们知道很多消费者都很拖沓，超过三分之一的订单2月13日才到，另外有22%的订单在节日当天姗姗来迟。（顺便说一句，这样拖拉可不好，近半数的花店会在情人节当天的某个时间开始拒收订单，所以不要拖到最后一刻。）还有1%的可怜人直到2月15日才能订到花。目前还不清楚人们这样做是否因为觉得可以捡到便宜，或是因为他们想要自己的订单受到重视，但无论哪种方式都不会奏效。在节后第二天，花店员工筋疲力尽，鲜花几乎销售一空，而且2月15日的玫瑰价格与前一天的价格一样高。花商付出双倍的成本，消费者也一样。（美国花商协会曾试图消除这种混乱状况，建议人们在2月13日送花，并附上诸如“等不到明天说爱你！”之类的信息，但这一提议未能获得推广。）

节日发生在星期几对花店销售情况的影响同样可以预测。如果情人节在周三或周四，花店就会比较走运。节日适逢一个星期的中间时，销售额往往能达到高峰，此时正好是工作日，同事之间收花、送花都很容易，并且对方一般都有回应。如果节日发生在一周里的后几天，花卉销量将会减少，如果恰逢周六或周日，销售必将很惨淡。一般都认为花店周末不会开门，特别是在星期日的时候，而且人们也不确定是否能一直待在家里等着收花。

今年的情人节恰逢周一，奥兹对此并无怨言，他正准备度过忙碌的一天。“我们的目标是售出所有鲜花。”他告诉我，“我认为我们做得到。”

第一批情人节花卉大约于10天前到货。奥兹提前订购了康乃馨、菊花和绿植，并储存在保鲜柜中，在那里它们可以保持很久。奥兹有一栋小楼（隔壁是霍耶尔餐厅，楼上是公寓套房），因此相较于其他花店，他有更多的空间用于花卉保鲜。除了楼下的保鲜柜，楼上还有两间空调房，在必要时可以存放大量鲜花。

按照霍耶尔的经营策略，会在节日之前没有订单的情况下先做出200个插花产品。大约一周前我曾顺便拜访过花店，当时那里已有许多插满蕨类植物和其他绿植的花瓶。设计师会提前几天把它们从保鲜柜中取出，搭配好玫瑰和康乃馨，然后再把它们放回去。这些花都准备卖给在最后关头冒出的顾客。所有预先下的订单也会提前几天准备好，并按照送货路线进行分类。

由于霍耶尔花店位于市中心，因此在情人节看到送货员抱着两三个插花饰品沿街行走是很司空见惯的事。他们可能会把花送到法院、市政厅、邮局或者银行。无论送货员是步行还是开车，这家小花店一天就能送出约350个插花礼品。

此时此刻，奥兹很庆幸太阳谷就在附近。“我们所有散装的百合、鸢尾、郁金香和小苍兰都来自那里。”他告诉我。一些太阳谷送来的鲜花已经在楼上走廊的桶里放了几天，有意不存在保鲜柜里，为的是让它们在出售前再多开一些花。“太阳谷也有其他切花可供选择，”奥兹说，“偶尔当我遇到麻烦时，他们就会帮我摆脱困境。”

店里的玫瑰几乎都是加州本土种植的。“之前我们引入进口玫瑰时，”他说，“消费者向我们抱怨说这种花的花期太短，因此我们坚持用加州玫瑰。”距尤里卡市一天车程的范围内有很多玫瑰种植者，奥兹可以经常买到一两天前刚采摘的新鲜玫瑰，这个经营技巧并非所有花商都能做到。在全国范围内，消费者只有十分之一的机会能给心上人送上美国本土玫瑰。

电话又响了。“霍耶尔花店。”奥兹说，“当然，我们可以试试。她的地址是什么？”他查问了保鲜柜中预制花束的数量，希望能对销路不太好的产品进行促销。“如果您不想要玫瑰，我们还有成篮的郁金香、康乃馨和欧石楠。好的，一打玫瑰。红色的吗？”有时我听到他在电话里教消费者如何写节日卡片。“献上我的爱？我爱你？情人节快乐？好吧，想你。”

两位设计师与奥兹一起工作。当情人节在千呼万唤中到来前，他们已经连续工作了19天。店里聘请了一些临时工，当有人想买花时，这些临时工就会从楼上的保鲜柜里搬来成桶的鲜花。有时，设计师不得不停下手头的工作，向某个临时工解释紫罗兰和金鱼草之间的差别。每过几分钟，送货司机就会走进来再取走十个花篮。各种插花摆饰堆满了地板和走廊，占据了柜台上每一寸空间。霍耶尔花店已经超负荷运转，但到目前为止，他们运转还算良好。

奥兹和设计师可以在五分钟内制成一束花。他们身手敏捷，一只手拿着刀去掉花茎上的叶子和刺。地板上满是被切下的植物废料，每过一会儿，就会有人停下来把废料清扫掉。偶尔一朵玫瑰被不小心碰散了架，花瓣散落在地板上。“7.5 美元没了。”一个设计师头也不抬地说。中午时分，邮递员走进来。“奥兹，”邮递员叫道，但奥兹继续忙活，头也没抬。“奥兹，歇口气吧。”他丢下信件后离开了。

关于情人节的起源，出现在 3 世纪的罗马。有传说称，那时士兵们被禁止结婚，而当时一位叫瓦伦丁（Valentine）的神父却经常私下里为士兵和他们的新娘主持婚礼。尽管情人节的说法起源颇早，但直到 18 世纪情侣们才开始互赠卡片或信笺来庆祝节日。当时，想用鲜花传情是几乎不可能的事情。1853 年，一位《纽约时报》（*New York Times*）的作家曾抱怨：“情人节恰逢二月，这个季节既没有紫罗兰，也没有玫瑰或苍翠的树林，我们能用的就只有笔、墨水和信纸。”直到 20 世纪，花商才逐渐感受到业务量的增长。1910 年左右，花商们竭尽所能，促使人们用鲜花取代当时用来彼此交换爱意的“花哨纸片”。那时，情人节也变得更像成年人示爱的节日了。上世纪 20 年代曾有一则广告，上面有一位年轻人打算在情人节用鲜花来替他向心上人表白，他父亲知道后说：“儿子，你的主意真棒。我也要用花来向你母亲表白一下。”

起初，紫罗兰手绑花束最受欢迎。人们常送的礼物有用甜豌豆花或铃兰扎成的大型佩饰，可以别在腰间做装饰。这些花饰一般会装在心形盒子里，外面系着红色的蝴蝶结。由于紫罗兰实在太流行，因此在 20 世纪早期，紫色成为情人节的代表色，后来才逐渐被粉色和红色所取代。

到 20 世纪 40 年代，康乃馨和玫瑰在情人节销售榜上的领先地位变得牢不可破，在随后的几十年里，花商们开始在花束中加入小天使、泰迪熊和气球等玩具饰品，以抬高每个花饰的价格。据美国花商协会估计，如今情人节的玫瑰销量超过 1.75 亿枝，平均每打玫瑰售价 70 多美元。售出鲜花的数量也很惊人：1-800-FLOWERS.COM 网上花店在情人节接下了近一百万张订单，花卉行业新贵 Organic Bouquet 在 2005 年的鲜花销量也高达一万束。

从以下迹象可以看出霍耶尔花店的顾客群有多么传统：这个情人节送出的一些装满气球、小熊、康乃馨和玫瑰的花篮看起来与它们 50 年前的样子并没有多大差别。我从曼哈顿千里迢迢来到这里，那边流行的深紫色马蹄莲，或是少见的紫丁香，还有特里萨·萨班卡亚手工制作的充满浪漫气息、带有特定花语的维多利亚式花束，在这里似乎都遥不可及。此刻我正身处主流花卉贸易的中心，情人节花卉供应不得已变成了一条流水线。花店前台负责接收订单，设计师们所要做的就是在预先制好的标准花束上添加或去掉一些花，然后再把它们拿去出售。“把这个做成价值 60 美元的插花。”一个收银员拿着从保鲜柜中取出的原价 40 美元的瓶装玫瑰和百合，冲进后面的工作间对设计师说。一位设计师往中间塞了几枝多头小玫瑰和两枝“星象家”百合，然后把改好的插花送回前台。“今天做的修剪和填塞工作实在太多了，”奥兹说，“但我们就是这么过来的。”

电话一直响个不停，来电者称其他花店已经停止接收订单。奥兹发

玫瑰花

『爱我，就送我一束玫瑰花！』『玫瑰』扎成的花束是这个世界上最富含爱意的表达。人们精心地挑选那些似开未开的大花茶香月季蓓蕾，用最真诚的丝带把自己的情感注入这香气若隐若现的花束中。

现他们是镇上为数不多还有鲜花供应的花店之一，但他已没有多少时间来一一送货了。工作人员开始在电话里建议人们到店来取花，而不要苦等送货上门。包装花卉时，设计师会把开得太过的玫瑰挑出来，它们已经过了最佳花期。“这些花会被送到前台，”一位设计师告诉我，“留给那些因买不到花而抓狂的人。”

店里一张桌子上摆满了茧形花瓶，每个花瓶中都插着一枝玫瑰或一簇欧石楠，另外配有一些绿植，花瓶的颈上还系着红丝带。这种花饰价值12美元，将被送往一家公司，那家公司的老板为每位员工都买了一个做礼物。另外一张桌上的插花则装饰着花花绿绿的巧克力、毛绒玩具和气球。一个由康乃馨、百合和玫瑰组成的超大花篮正等着被装扮起来。设计师在花篮中加上一只会歌唱的气球，演奏着“甜心，我的宝贝”(Sugar Pie, Honey Bun)，然后被送了出去。

下午一点，隔壁餐馆的女服务员过来取花店工作人员的午餐订单。今天没人停下来吃午餐，他们只是站在工作台前狼吞虎咽一个三明治，然后继续投入工作。这时，奥兹宣布红玫瑰用完了。从现在起，他们只能凑合着用粉玫瑰搭配黄玫瑰、百合搭配郁金香、康乃馨搭配紫罗兰，甚至用金鱼草搭配向日葵。前台的鲜花也将用尽，奥兹让一个临时工再从楼上取下一盒现购自运的混合花束。这些花被运来时都竖直装在盛满水的容器中(这种容器俗称proconas，成方形水桶状，带着硬纸板边和一个塑料盖，只要保持直立运输，就可以让花茎在运输过程中一直泡在水里)，并且已被搭配好并装上了套筒。“这些花并不按我们通常的标准定价，”奥兹说，“我们鲜花的售价一般是成本价的五倍，其中包括插花造型和花瓶等各项花费。但这些花仅按成本价的两倍出售，它们在我店里就是从后门进，前门出。”奥兹在人行道上的橱窗里摆满了这种廉价花束，到今天快过完时，这将成为那些仍未买到花的绝望情侣仅有的选择之一。

当我离开霍耶尔花店踏上归程，情人节已经临近尾声。赶到家时，我发现自己的情人节花束已经在此恭候：两打 Organic Bouquet 经过认证的橙红双色“口红”（Lipstick）玫瑰，附带一张我丈夫写的卡片。联邦快递为我们家牵线搭桥，在我到家之前，他们的货车刚刚停在那儿没几分钟。

我打开盒子，由内瓦多公司直送的鲜花映入眼帘，花朵包裹在眼熟的硬纸筒中，每排花之间都垫着薄纸巾。我可以看出内瓦多人的辛劳：茎上的叶或刺几乎全被剥掉，有几片花瓣上长着零星的灰色霉斑（不算多，罗伯托！）。我想起罗伯托·内瓦多曾经说过，如果把玫瑰浸在装满冷水的浴缸中三个小时，就能让它们再多撑两天。

在历尽千辛后，还要让这些花再多撑两天？我知道一路走来它们有多不容易。在实验室里耗费七年培育出一枝玫瑰，然后把它推向市场；从阿姆斯特丹的遗传学家那里长途跋涉六千英里，来到厄瓜多尔的农民身边；在情人节花卉生长过程中，要花三个月的时间悉心照料和等待；然后再奔波五天，辗转两趟飞机，用几辆货车把它们送到我家。而且内瓦多公司承诺，这些玫瑰能在花瓶中存活一周，如果事先给它们洗个冷水澡，持续的时间会更长。

我站在那里想象着它们出生地的景象，在那些赤道地区的拱形温室里，玫瑰花苞高耸过工人头顶，收音机中放着嘈杂的厄瓜多尔流行音乐，让人们熬过节日到来前的漫长时日，山羊在外面吃草，远处的火山白雪皑皑，一片静默。

虽然我曾亲眼目睹一切，但我仍沉浸在浪漫想象中不能自拔。

切花的养护

大部分切花能够在花瓶里存活一周，诸如亚洲百合、菊花和优质玫瑰之类的切花存活时间会更久。为了尽可能延长切花的存活时间，可以尝试使用以下技巧：

• 购买冷藏保存的鲜花。如果鲜花曾在街边人行道或生产车间的桶里存放过，其瓶插寿命将会缩短。这并不意味着一定要把花放在玻璃保鲜柜里，一些零售商可以用特制的空调使鲜花周围的空气保持凉爽。

• 要求花商保证鲜花瓶插寿命。大部分花商会更换瓶插寿命少于五天或七天的花。

• 可以将玫瑰和其他比较健壮的花整个泡入冷水中补充水分。一位玫瑰种植者曾支招，将玫瑰浸在浴缸里三个小时，可以增加两天的瓶插寿命。

• 把花插进花瓶之前，应确保花瓶是干净的，并要装满水。用锋利的剪刀或小刀除去会没进水里的叶子，然后重新切割花茎，并立即把它放入水中。

• 市场上出售的花肥确实可以延长花的瓶插寿命。可以在工艺品店、苗圃和花店购买花肥，要是没有的话，可以用少许糖加上一滴漂白剂来代替。（如果有伟哥（Viagra），也可以将其碾碎加入水中，此法虽然昂贵，但却十分有效，可以通过扩张茎中的输水导管延长花的瓶插寿命，就像其原有的药物原理一样发挥作用——请别介意这种说法。）

• 将花摆在阴凉处，避免阳光直射。气候干燥时，可以给花喷些水，以延长其寿命。

• 每隔几天给花换一次水，并重新剪茎。在混合花束里，要随时除去开始枯萎的花，因为花在枯萎时会释放乙烯，从而导致其他花也过早凋谢。

走访市场与种植商

在下列花市、节日和景点，游客们可以亲眼目睹切花产业的幕后景象。注意，每年花卉批发市场都可能会变换地点，开放时间也可能发生变化，因此在去参观前请先打电话确认。

向公众开放的花卉批发市场：

旧金山花市（San Francisco Flower Mart）
布兰南街（Brannan St.）640-644 号
旧金山，加州
415-397 -7944
www.sfflmart.com
周一至周六上午 10:00 至下午 3:00 向公众开放。

洛杉矶花卉街区（Los Angeles Flower District）
华尔街（Wall St.）766 号
洛杉矶，加州
213-627-3696
www.laflowerdistrict.com
每周一、三、五上午 8:00 至中午，每周二、四、六上午 6:00 至中午向公众开放。

纽约花卉街（New York Flower District）
第六大道附近，西 26 街至 29 街
纽约，纽约州

联系信息和开放时间各店不同。

阿斯米尔花卉拍卖市场（Bloemenveiling Aalsmeer，VBA）
Postbus 1000，1430 BA 阿斯米尔
荷兰
011 31 0297 3921 85
www.vba.nl
著名的荷兰花卉拍卖场，周一至周五上午 7:30 至 11:30 向公众开放。每年 4 月到 9 月，公众可于早上 7:00 开始入场。从阿姆斯特丹中央火车站乘坐巴士可以直达阿斯米尔。记得早点到，因为大部分拍卖在上午 9:00 前进行。

种植商及其他景点：

斯卡吉特谷郁金香节（Skagit Valley Tulip Festival）
东蒙哥马利街（Montgomery St.）100 号
弗农山庄（Mount Vernon），华盛顿州
360-428-5959
www.tulipfestival.org
华盛顿州的郁金香和水仙种球种植区每年 4 月对游客开放。具体开放日期会有变化，节日庆祝活动包括艺术表演和农场观光等。

花田（The Flower Fields）
Paseo Del Norte 大道 5704 号
卡尔斯班（Carlsbad），加州
760-431-0352，
www.theflowerfields.com

每年春季，游客可来卡尔斯班花田欣赏花毛茛盛开的景象。赏花季节从3月中旬一直持续到5月中旬，每天上午9:00至下午5:00对外开放。

太阳谷花卉农场(Sun Valley Floral Farm)
上湾路(Upper Bay Rd.)3160号
阿克塔，加州
707-826-8708
www.sunvalleyfloral.com
太阳谷不面向公众直接销售，但阿克塔农场每年都会举办一次开放日，通常在7月中旬，届时农场的温室和花田将向公众开放，并有鲜切花和种球出售。

霍图斯布尔·玻如姆公园(Hortus Bulborum)
Zuidkerkenlaan 23A, NL-1906 AC 利门
荷兰
011 31 251 23 12 86
www.hortus-bulborum.nl
每年4月6日至5月16日，当郁金香盛开时，这一古老的球根花卉种球宝库将对游客开放，开放时间为周一至周六上午10:00至下午5:00，周日中午至下午5:00。利门市是位于阿姆斯特丹西北约18英里的一座小城。

荷兰种球种植田(Holland Bulb Fields)
每年从3月底至5月初，荷兰的球根花卉种球种植田都将吸引来自世界各地的游客。具体开花时间取决于天气，但通常4月下旬最为适宜。在很多旅行社都可以预订荷兰种球种植田观光线路。更多信息请访问 www.holland.com

统计数据

表 1　全球人均切花消费额

国家	人均消费额（美元）	国家	人均消费额（欧元）
瑞士	101.4	日本	35.7
挪威	70.2	斯洛文尼亚	29.4
荷兰	66.7	西班牙	26.2
奥地利	55.9	美国	25.9
英国	55.3	希腊	21.5
比利时	54.1	葡萄牙	19.7
丹麦	53.7	匈牙利	17.6
德国	44.6	捷克	12.5
瑞典	42.9	斯洛伐克	8.3
爱尔兰	42.8	波兰	8.2
法国	39.8	克罗地亚	6.8
芬兰	39.7	俄罗斯	4.6
意大利	38.6	中国	0.9

资料来源：荷兰花卉协会（Flower Council of Holland），2005 年。

表 2　美国十大切花排行榜（每千枝）

品种	进口	国产	总量
玫瑰	1,348,096	99,737	1,447,833
康乃馨	598,390	8,953	607,343
菊花	500,494	12,318	512,812
六出花	258,787	7,257	266,044

续表

品种	进口	国产	总量
郁金香	99,751	118,156	217,907
非洲菊	102,226	104,675	206,901
百合	44,754	114,081	158,835
唐菖蒲	15,677	105,414	121,091
鸢尾	13,219	88,739	101,958
满天星	88,753	不产	88,753

资料来源：美国农业部（USDA）对外农业服务局（Foreign Agricultural Service）美国农业对外贸易（FATUS）数据库；美国农业部动植物卫生检验局（Animal and Plant Health Inspection Service）《观赏作物国内运输与进口情况》（*Available Domestic Shipments and Imports of Ornamental Crops*）报告；以及国家农业统计局（National Agricultural Statistics Service）《2005年花卉作物》（*Floriculture Crops 2005*）报告。所有数据均为2005年统计数据。

表3　美国切花进口情况（按国家或原产地分类）

国家	数量（千枝）	进口值*（千美元）
哥伦比亚	2,253,975	418,345
厄瓜多尔	468,056	129,355
哥斯达黎加	57,374	23,460
泰国	48,932	4,829
墨西哥	21,780	19,850
危地马拉	15,202	3,920
荷兰	8,305	64,710
肯尼亚	7,891	1,182
巴西	3,041	2,856

续表

国家	数量（千枝）	进口值 *（千美元）
智利	2,946	2,609
南非	1,958	1,064
加拿大	1,853	17,750
秘鲁	1,358	2,286
其他	2,757	16,930
总计	2,895,246	709,146

* 进口值指货物抵达美国后的到岸价格，卖给消费者的实际零售价可能要增加五到十倍。
资料来源：美国农业部（USDA）对外农业服务局（Foreign Agricultural Service）美国农业对外贸易（FATUS）数据库。所有数据均为 2005 年统计数据。

表 4　美国切花购买情况（按各经销商市场份额分类）

	交易额（%）	消费额（%）
花店	21.9	47.3
超市	49	26.2
互联网	2.1	5.8
免费电话	0.4	1.4
仓储式商场	6.8	5
其他	19.8	14.3

资料来源：美国花卉种植者基金会（American Floral Endowment），《季度消费者跟踪报告：1998—2003 年鲜切花购买情况》（*Quarterly Consumer Tracking Report: Fresh Cut Flower Purchases, 1998—2003*）（2004 年 3 月 8 日）（2003 年第四季度专为美国花卉批发商和供应商协会（Wholesale Florist & Florist Supplier Association）定制），www.wffsa.org（需要会员登录）。

注释

前言

全球切花市场的整体零售额很难估计，这也得到了我为此书而采访的几位行业分析师的证实。许多国家都用美元来统计进出口数据，但并非所有国家都如此。（例如，印度就没有相关数据。）各国国内种植与销售的花卉数据也很难收集，因为不同国家的数据统计方式也各不相同。此外，美国和其他许多国家并不统计农贸市场和当地其他小型经销商的销售数据。最后，绿植和一些特殊花卉通常不包含在花卉统计中。400 亿美元是最常用到的数据，这是有道理的。仅在美国，切花零售额便超过 60 亿美元（见下面的注释）。对全球花卉消费的各项估计都将得出同样的结论：美国在全球花卉市场上约占 20%的份额。参见托尼·塞德曼（Tony Seidman）发表于《世界贸易杂志》（*World Trade Magazine*）（2004 年 6 月 1 日）上的文章《尽管全球化遇挫，花卉产业仍繁花似锦》（*Despite Globalization Traumas, Flower Industry Blooms*）；南希·劳斯（Nancy Laws）发表于《世界花卉经济》（*FloraCulture International*）（2002 年 10 月）上的文章《切花与玫瑰全球贸易》（*World Commerce in*

Cut Flowers and Roses)，www.floraculturalintl.com/ archive/articles/131.asp；以及德格鲁特（N. S. P. de Groot）于 1998 年 6 月在罗马举行的“世界园艺研讨会”（World Conference on Horticultural Research）上发表的论文《花卉栽培世界贸易与消费方式》(*Floriculture Worldwide Trade and Consumption Patterns*)，www.agrsci.unibo.it / wchr / WCI / degroot.html。全球花卉零售额达到 312 亿美元。再加上较小的市场，例如印度等很少有数据可查的国家，以及绿植和特殊花卉等额外的部分，整个切花市场交易额可能达到 400 亿美元。

如要深入了解我们与切花的历史渊源，请参阅杰克·古迪（Jack Goody）的《花卉文化》(*The Culture of Flowers*)（英国剑桥，出版商：Cambridge University Press，1993 年）；以及彼得·科茨（Peter Coats）的《花史》(*Flowers in History*)（伦敦，出版商：Weidenfeld and Nicolson，1970 年）。更多关于花卉历史的阅读建议请见参考书目。

关于各类花瓶的历史，请参阅朱莉·艾默生（Julie Emerson）的《从中国到欧洲的瓷器传奇》(*Porcelain Stories from China to Europe*)（华盛顿西雅图，出版商：Seattle Art Museum，2000 年）；以及洛伦佐·卡穆索（Lorenzo Camusso）和桑德罗·波顿（Sandro Bortone）等编写的《世界陶瓷》(*Ceramics of the World*)（纽约，出版商：Harry N. Abrams，1991 年）。

2002 年的“经济普查报告”（Economic Census Report）显示，传统花店的切花零售额为 4,366,394,000 美元。据美国花商协会报告，以美元为计算基础，70%的切花销售额来自零售花店。（但花店的销量在切花市场上所占份额不到一半。）因此，估计包括花店、超市和其他经销商在内的切花零售总额约为 6,237,705,714 美元。这一数据不包括盆栽植物、花瓶和其他相关商品。国际切花消费统计数据略高，其中出版商 Pathfast Publishing（www.pathfastpublishing.com）曾在 2002 年估计，美国的切花消费额为 7,263,000,000 美元。此为欧元统计数据，有好几处都与 2002 年的美元统计数据相近。

估计美国人购买的切花数量约为 40 亿枝。美国农业部国家农业统计局（NASS）2005 年的统计数据显示，当年国内生产花卉总量为 854,528,000 枝，但这不包括年销售额不足 10 万元的种植者。进口花卉数据来自美国农业部对外农业服务局的贸易数据库，据统计，2005 年进口花卉总量为 2,895,245,900 枝。如此算来，2005 年美国销售花卉总量应为 3,749,773,900 枝。但美国农业部动植物卫生检验局（APHIS）检查和统计的进口切花数据表明，实际进口花卉数量可能高达 6,729,357,000 枝。这一差异可能是因为少算了销量较小的特殊花卉和绿植所致，此类花卉和绿植都以“束”而非单枝来计算；也可能是因为国土安全部（Department of Homeland Security）在承担数据收集责任时造成所保存的记录发生了一些变化。因此，40 亿是个可靠的保守数字。

根据 1998 年 9 月 9 日麦当劳发布的新闻，美国人每年可购买六亿个巨无霸汉堡。

第一节　飞鸟、蜜蜂与驼毛刷

关于“星象家”百合的大部分信息来自采访和法庭笔录。特别感谢以下几位抽出宝贵时间，与我们分享他们的回忆与故事：乔治·伍德利夫，贝蒂·杜比，大卫和劳拉·唐恩，艾洛伊丝·基尔希，比尔·韦格尔（Bill Weigle），伯特·沃克，皮埃特·库普曼，莱恩·德弗里斯，埃迪·麦克雷（Eddie McRae）和维姆·格兰尼曼（Wim Granneman）。

要将伍德利夫和基尔希的朋友和家人的不同回忆统一起来实属不易，他们在一些重要问题和小细节上都存在分歧。一些人记得是伍德利夫将其著名的百合命名为“星象家”，并表示他在将农场卖给基尔希之前知道自己有什么；但其他人却认为是基尔希或是太阳谷的某个人发现并命名了这种百合。一些人记得伍德利夫将百合花粉存放在药盒里，其他人则说是玻璃瓶。我尽量忠实于这些记忆。我跟伍德利夫的两个孩子乔治和贝蒂交谈，他们都站在自己父亲一边，觉得他们的父亲被人骗走了原本应属于自己的东西。基尔希的女儿劳拉、女婿大卫和妻子艾洛伊丝同样对基尔希表示了爱意与尊重，并认为基尔希倾尽全力帮助了伍德利夫。如果现在让这两家人碰面，他们必定会有一个共同关注点——“星象家”百合，这是双方自豪与情感的源泉。

关于百合培育和种植的更多信息，请参阅爱德华·麦克雷（Edward McRae）的《珍稀百合：种植者和收藏家指南》（*Invaluable Lilies: A Guide for Growers and Collectors*）（俄勒冈州波特兰，出版商：Timber Press，1988年），以及迈克尔·杰弗逊（Michael Jefferson）的《布朗的百合：百合选择与种植指南》（*Brown's Lilies: A Guide to Choosing and Growing Lilies*）（纽约，出版商：Rizzoli，2004年）。北美百合协会（The North American Lily Society），网址：www.lilies.org，这是一个信息宝库。

莫顿（A.G.Morton）的《植物学史》（*History of Botanical Science*）（伦敦，出版商：Academic Press，1981年），为我们提供了植物学早期

发现的奇妙概览。

每年由 Pathfast Publishing（www.pathfastpublishing.com）出版的《国际切花手册》（*International Cut Flower Manual*），提供通过荷兰式拍卖的花卉销售数据。花卉销售数量以 2001 年的数据为基础进行统计。

关于《植物专利法》（*Plant Patent Act*）的历史介绍来自《纽约时报》档案以及美国专利商标局（United States Patent and Trademark Office）。如需了解专利详细信息，请访问 www.uspto.gov。

第二节　塑造完美

托马斯·克里斯托弗（Thomas Christopher）的《寻找失落的玫瑰》（*In Search of Lost Roses*）（芝加哥，出版商：University of Chicago Press，1989 年），是对玫瑰育种史的绝佳概述。

关于香味的更多信息，请阅读沙曼·罗素（Sharman Apt Russell）的《玫瑰解剖》（*Anatomy of a Rose*）（马萨诸塞州剑桥市，出版商：Perseus，2001 年），以及莱尔·沃森（Lyall Watson）的《犁鼻器与非凡的嗅觉》（*Jacobson's Organ and the Remarkable Nature of Smell*）（伦敦，出版商：Allen Lane，1999 年）。

Florigene 公司及其产品信息来自该公司的工作人员和公司的宣传材料。详情请访问 Florigene 公司网站 www.florigene.com。

关于忧思科学家联盟（Union of Concerned Scientists）的更多信息，请访问 www.ucsusa.org。

美国花卉种植者基金会为切花育种、生产和采后处理方面的研究工作提供资助。欲了解更多关于娜塔丽娅·都达瑞娃（Natalia Dudareva）、大卫·克拉克（David Clark）及其他人的研究情况，请访问 www.endowment.org，并查看“科学研究”（Scientific Research）部分。

布莱恩·卡彭（Brian Capon）的《园丁植物学》（*Botany for Gardeners*）（俄勒冈州波特兰市，出版商：Timber Press，2005 年）和鲍勃·吉本斯（Bob Gibbons）的《花的秘密生活》（*The Secret Life of Flowers*）（伦敦，出版商：Blandford，1990 年），为非专业的读者提供了关于植物学很好的介绍。

第三节　意大利香堇菜与日本菊花

欲了解切花产业历史的更多信息，请参阅《美国花卉栽培史》（*The History of U.S. Floriculture*）（俄亥俄州威洛比，出版商：Greenhouse Grower，1999 年）和《美国花商百年历史》（*A Centennial History of the American Florist*）（堪萨斯州托皮卡市，出版商：Florists' Review Enterprises，1997 年）。

两部描述加州日裔美国种植者历史的优秀作品是平原直美（Naomi Hirahara）的《闻香识花》（*A Scent of Flowers*）（加州帕萨迪纳，出版商：Midori Books，2004 年）和加里·川口（Gary Kawaguchi）的《与花同在：加州花市简史》（*Living with Flowers: The California Flower Market History*）（旧金山，出版商：California Flower Market，1993

年）。关于该地区的历史信息，也可参阅查尔斯·古尔德（Charles J. Gould）的《华盛顿州球根花卉种球产业史》（*History of the Flower Bulb Industry in Washington State*）（华盛顿州弗农山庄，出版商：Northwest Bulb Growers Association，1993 年）。

《迈克尔·小弗洛伊的日记》（*The Diary of Michael J. Floy*）由康涅狄格州纽黑文市的耶鲁大学出版社（Yale University Press）于 1941 年出版。《我的十杆农场，及我是如何成为花商的》（*My Ten-Rod Farm; or, How I Became a Florist*）由波士顿的罗林（Loring）以玛丽亚·吉尔曼（Maria Gilman）的名义于 1869 年首次出版，并由费城出版商亨利·T. 科茨（Henry T. Coates）以作者查尔斯·巴纳德（Charles Barnard）的名义，于 1900 年左右再度出版。

彼得·亨德森（Peter Henderson）创作的很多关于花卉栽培的书有助于人们了解花卉产业的历史。我特别向读者推荐《实用花卉栽培》（*Practical Floriculture*）（纽约，出版商：Orange Judd，1911 年）。斯基德尔斯基（S. S. Skidelsky）所著《旅行者的故事》（*Tales of a Traveler*）（纽约，出版商：A. T. de la Mare，1916 年），也可以让读者进一步了解 19 世纪末 20 世纪初花卉贸易的景况。

第四节　温室花房

《温室种植者》杂志（*Greenhouse Grower*）每年都会推出前一百名种植者排行榜，太阳谷的相关数据出自其 2004 年 5 月的调查结果。

尽管此类调查都是自愿参与，并且可能会遗漏一些种植者，但杂志工作人员保证，基于他们对行业的了解，他们的切花种植者排名相当准确。美国农业部不会对外发布个体种植者的数据，因此，行业调查是最好的数据来源。太阳谷自己也有统计数据，经德弗里斯确认，声称其花卉年产量约为1亿株。根据美国农业部对销售额在10万美元以上的种植者进行的数据统计显示，2004年美国国内切花生产量已达到7.84亿株。请参阅《花卉栽培与苗圃作物展望》(*Floriculture and Nursery Crops Outlook*)(2005年9月)，网址：www.ers.usda.gov。

关于国内切花生产的数据来自美国农业部的《花卉与苗圃作物现状与展望年鉴》(*Floriculture and Nursery Crops Situation and Outlook Yearbook*)，该年鉴由美国农业部经济研究局(Economic Research Service)按年度出版，并提供在线文本，网址为www.ers.usda.gov。请注意，常提到的进口玫瑰占85%的统计数据是基于进口玫瑰相对于国产玫瑰的美元价值得出，而不是以花的数量为统计基础。事实上，如果按花的数量计算，在美销售的玫瑰有92%是进口的。总体上，美国进口切花约占花卉销售总量的80%，但进口花卉的美元销售额仅占64%。此外还要注意，一些进口切花的计数单位是“束”，而不是“枝”。最后，当统计进口花卉的职责由美国农业部移交给国土安全部时，统计方法也发生了一些变化。

关于太阳谷的其他数据来自对莱恩·德弗里斯及其工作人员的访谈，以及公司发布的相关资料。如要了解太阳谷更多信息，请访问www.sunvalleyfloral.com。

关于农场工人的统计数据来自美国劳工部(Department of Labor)

最新的《国家农业工人调查报告》(*National Agricultural Workers Survey*)，1998年出版的由加州州立图书馆加州研究局(California Research Bureau)编写的《加利福尼亚农场工人》(*Farm Workers in California*)研究报告，2004年1月出版的由加州大学加州政策研究中心(California Policy Research Center)编写的《加州农业工人健康情况简报》(*Agricultural Workers of California: Health Fact Sheet*)，以及2000年出版的由农村社区服务公司(Rural Community Assistance Corporation)编写的《农场工人调查》(*Survey about Farm Workers*)。

第五节　荷兰国花如何征服世界

关于对荷兰郁金香热的阐述，请参阅迈克·达什(Mike Dash)的《郁金香热》(*Tulipomania*)(纽约，出版商：Crown，2000年)和安娜·帕佛德(Anna Pavord)的《郁金香》(*The Tulip*)(纽约，出版商：Bloomsbury，1999年)。莱斯利·雷金赫斯(Leslie Leijenhorst)的《霍图斯布尔·玻如姆》(*Hortus Bulborum*)(荷兰沃尔默费尔，出版商：Stiching Uitgeverij Noord-Holland，2004年)，对人们在保护能够体现荷兰历史的古老郁金香品种及其他种球方面的努力做了很好的描述。

关于荷兰花卉贸易的统计数据来自尼亚拉·马哈拉吉(Niala Maharaj)和加斯顿·多伦(Gaston Dorren)的《玫瑰游戏》(*The Game of the Rose*)(荷兰乌得勒支，出版商：International Books，1995年)，以及皇家荷兰大使馆(Royal Netherlands Embass)和国际球根花卉中心（International Flower Bulb Centre，www.bulb.com）。

关于全球玫瑰贸易更多信息，请参阅南希·劳斯发表于《世界花卉经济》（2002年10月）上的文章《切花与玫瑰全球贸易》：www.floraculturalintl.com/archive/articles/131.asp；也可登录www.pathfastpublishing.com阅读《2000年国际切花玫瑰市场》（*The International Markets for Cut Roses 2000*）。最后，荷兰花卉协会（www.flowercouncil.org）和美国农业部经济研究局（www.ers.usda.gov）发布的《花卉栽培与苗圃作物年鉴》（*Floriculture and Nursery Crops Yearbook*），提供了各国花卉生产、进口和销售的统计资料。

第六节　赤道繁花

白宫国家麻醉品控制政策办公室（White House Office of National Drug Control Policy）于2005年3月25日发布了2004年哥伦比亚毒品清除数据，详情请参阅www.whitehousedrugpolicy.gov的"新闻发布"（Press Release）部分。

都乐食品公司（Dole Food Company）相关信息来自其2004年年报。

关于花卉产业工资待遇和性骚扰情况的统计数据来自诺玛·梅纳（Norma Mena）和西尔维娅·普罗阿诺（Silvia Proano）的《工作场所中的性骚扰——切花产业》（*Sexual Harassment in the Workplace: The Cut Flower Industry*）（2005年4月）。该研究报告可在国际劳工权利基金会（International Labor Rights Fund）网站上查看全文www.

laborrights.org。

关于农药、健康问题和工作条件的更多信息，请参阅左妮亚·帕兰（Zonia Palan）和卡洛斯·帕兰（Carlos Palan）的《厄瓜多尔花卉产业就业与工作环境》（*Employment and Working Conditions in the Ecuadorian Flower Industry*）（1999年8月），可在国际劳工组织（International Labour Organization）网站www.ilo.org/public/english/dialogue/sector/papers/ecuadflo/查看详情。也可参阅塞西莉亚·卡斯泰尔诺沃（Cecilia Castelnuovo）等编写的《厄瓜多尔花卉种植园里童工情况快速评估》（*Ecuador: Child Labour in Flower Plantations: A Rapid Assessment*）（2000年4月），可在国际劳工组织网站www.ilo.org/public/english/standards/ipec/simpoc/ecuador/ra/flowers.pdf查看详情。

关于加州农场工人健康问题投诉的数据来自加州捐赠基金会（California Endowment）2000年11月的报告《默默承受痛苦：加州农业工人健康报告》（*Suffering in Silence：A Report on the Health of California's Agricultural Workers*），网址：www.calendow.org。

关于农业中使用童工问题的更多信息，请参阅人权观察（Human Rights Watch）于2002年4月发表的《被玷污的收获：厄瓜多尔香蕉种植园里的童工及组织障碍》（*Tainted Harvest：Child Labor and Obstacles to Organizing on Ecuador's Banana Plantations*）。在线查看网址：www.hrw.org/reports/2002/ecuador/。

厄瓜多尔和哥伦比亚的花卉出口数据来自厄瓜多尔花卉生产商和出口商协会（Expoflores）、厄瓜多尔贸易协会（Ecuadorian trade association）、哥伦比亚花卉出口商协会（Asocolflores）和哥伦比亚贸易协会（Colombian trade association）。更多信息请访问 www.expoflores.com 和 www.colombianflowers.com。

关于厄瓜多尔移民模式的相关信息由华盛顿特区的移民政策研究院（Migration Policy Institute）提供，在线查看地址：www.migrationinformation.org。

可登录 www.pesticideinfo.com，查看农药行动网（Pesticide Action Network）的农药数据库。

关于从事花卉栽培工作的哥伦比亚妇女的研究数据来自格里塔·弗里德曼·桑切斯（Greta Friedemann-Sanchez）的《插花饰家：哥伦比亚劳动分工与性别角色》（*Assembling Flowers and Cultivating Homes :Labor and Gender in Colombia*）（马里兰州拉纳姆，出版商：Lexington Books，2006 年）。

第七节　禁忌之花

迈阿密国际机场的数据和资料由机场货运部市场专员邦妮·施瑞伯提供。

迈阿密花卉进口的经济数据来自佛罗里达州花卉进口商协会（Association of Floral Importers of Florida，www.afifnet.org）。

美国农业部《切花和绿植进口管理规范》（*Regulating the Importation of Cut Flowers and Greenery*）指导手册可登录 www.

aphis.usda.gov 在线阅读。

关于花卉认证项目的信息来自对工作人员的采访和相关认证报告。详情请访问德国花卉标章认证网站：www.fairflowers.de；英国公平贸易基金会网站：www.fairtrade.org.uk；瑞士 Max Havelaar 基金会网站：www.maxhavelaar.ch；以及荷兰 MPS 花卉认证项目网站：www.my-mps.com。

切花人均消费额和进口价值的数据来自荷兰花卉协会（www.flowercouncil.org），联合国商品贸易统计数据库（UN COMTRADE，www.unstats.un.org），以及出版商 Pathfast Publishing（www.pathfastpublishing.com）。需要注意的是，进口值通常按产品首次到港时的到岸价格计算。根据联合国商品贸易统计数据库，2004 年德国切花和观叶植物的进口总值为 1,122,977,000 美元，美国的进口总值为 807,416,667 美元。另一方面，消费额则按零售价格计算。Pathfast Publishing 出版的 2002 年报告显示，仅美国消费者在切花上的支出便高达 7,263,000,000 美元，德国消费者的支出为 3,403,000,000 美元。（这些数据以欧元为单位，在不少地方与 2002 年的美元统计数据相近。）关于 Organic Bouquet 和 VeriFlora 花卉认证项目更多信息，请访问 www.organicbouquet.com 和 www.veriflora.com。

第八节　荷兰式拍卖

通过荷兰式拍卖出售的花卉统计数据可参见荷兰花卉拍卖协会（VBN）网站：www.vbn.nl。根据其 2004 年年报引用的数据，切花销售总量为 11,847,084,000 枝，根据 www.vba.nl 网上提供的拍卖年度统计数据，其中有 5,057,000,000 枝是在阿斯米尔拍卖出售的。正如在前言注释中提到的，单枝切花的全球销售量很难统计，但 Pathfast Publishing 2002 年的消费统计数据显示，26 个主要花卉消费国的切花消费量为 22,975,000,000 枝。用此数据来推测全球切花消费量，可知有近半数的全球花卉交易都通过荷兰式拍卖系统进行。

美国切花进口统计数据来自美国农业部经济研究局出版的《花卉与苗圃作物现状与展望年鉴》，网址：www.ers.usda.gov。

关于阿斯米尔花卉拍卖的更多信息，请访问 www.aalsmeer.com，可在线查阅其年度报告和拍卖历史。

阿斯米尔拍卖场出售及销往美国市场的花卉数量信息来自拍卖会公布的相关资料，其中引用了荷兰花卉批发委员会（Dutch Floricultural Wholesale Board）的统计数据，即 2004 年荷兰对美国的花卉价值为 1.01 亿欧元。阿斯米尔拍卖会的媒体关系官员阿德里安娜·兰斯柏根（Adrienne Lansbergen）估计，这些花中约半数被拍卖出售，约占花卉拍卖总量的 5%。

关于每枝玫瑰平均批发价格的长期变化趋势可参见美国农业部经济研究局在 www ers.usda.gov 网站上发布的《花卉与苗圃作物现状与展望年鉴》。

关于 Florimex 公司和 Multi Color Flowers 公司的信息来自个人访谈和各公司发布的资料。请访问 www.florimex.com 和 www.multicolorflowers.nl。

花卉产业和染色花卉的历史信息来自《美国花商百年历史》以及相关报纸报道。

第九节　花店、超市与未来花市

美国消费者购花习惯数据来自美国花卉种植者基金会，关于消费趋势的研究请参阅 www.endowment.org 网站。相关数据还来自于美国花商协会和美国人口调查局（United States Census Bureau）1997 年和 2002 年的经济普查数据。美国花商协会估计，根据普查数据，美国约有 6 万家大型花卉市场。2002 年的普查数据显示，美国有 48,316 家零售花店，其中 25,563 家没有雇员，另外 22,753 家有雇员。

关于美国花商协会广告活动和科学研究等信息，来自 www.safnow.org 网站上发布的美国花商协会资料，以及对彼得·莫兰（Peter Moran）的采访。关于罗格斯大学研究的更多信息，请参阅珍妮特·哈维兰·琼斯（Jeannette Haviland-Jones）等人在《演化心理学》（*Evolutionary Psychology*）杂志（2005 年 4 月）上发表的文章《鲜花——利用环境调动积极情绪》（*An Environmental Approach to Positive Emotion：Flowers*）。

关于花卉产业和国际花卉速递协会（FTD）的历史摘自《美国花商百年历史》。

关于花商早期历史的更多信息，请参阅玛丽·罗斯·布莱克（Mary Rose Blacker）的《本土花卉》（*Flora Domestica*）（伦敦，出版商：

National Trust Enterprises，2000 年）。

关于 FTD、Teleflora、KaBloom 和 1-800-FLOWERS.COM 的会员及其他信息，来自于各公司的网站和新闻报道。

杰夫兄弟是 CAblooms 公司的老板，同时还是 Nature's West 好市多花卉销售总经理。CAblooms 是一家专向好市多和各大超市供货的销售公司。

后记：情人节

关于情人节花卉购买方式的统计数据来自美国花商协会。

情人节花卉节日的历史起源摘自《美国花商百年历史》以及相关报纸报道。

参考书目

Aftel, Mandy. *Essence and Alchemy: A Book of Perfumes*. New York: North Point Press, 2002.

Amherst, Alicia. *A History of Gardening in England*. London: Bernard Quaritch, 1895.

Armitage, Allan. *Specialty Cut Flowers: The Production of Annuals, Perennials, Bulbs, and Woody Plants for Fresh and Dried Cut Flowers*. Portland, OR: Timber Press, 2003.

Barnard, Charles. *My Ten-Rod Farm; or, How I Became a Florist*. Philadelphia: Henry T. Coates, n.d., but ca.1900.

Bernhardt, Peter. *The Rose's Kiss: A Natural History of Flowers*. Chicago: University of Chicago Press, 1999.

Bernhardt, Peter. *Wily Violets and Underground Orchids: Revelations of a Botanist*. Chicago: University of Chicago Press, 2003.

Blacker, Mary Rose. *Flora Domestica: A History of British Flower Arranging*. London: National Trust Enterprises, 2000.

Campbell-Culver, Maggie. *The Origin of Plants: The People and Plants That Have Shaped Britains Garden History*. Cornwall, England: Eden Project Books, 2004.

Capon, Brian. *Botany for Gardeners: An Introduction and Guide*. Rev. ed. Portland, OR: Timber Press, 2005.

A Centennial History of the American Florist. Topeka, KS: Florists' Review Enterprises, 1997.

Christopher, Thomas. *In Search of Lost Roses*. Chicago: University of Chicago Press, 1989.

Coats, Alice. *Flowers and Their Histories*. London: London Hulton Press, 1956.

Coats, Peter. *Flowers in History*. London: Weidenfeld and Nicolson, 1970.
Corbin, Alain. *The Foul and the Fragrant: Odor and the French Social Imagination*. New York: Berg, 1986.
Dash, Mike. *Tulipomania*. New York: Crown, 2000.
Duthie, Ruth. *Florists' Flowers and Societies*. Haverfordwest, England: C. I. Thomas, 1988.
Eiseley, Loren. *How Flowers Changed the World*. San Francisco: Sierra Club Books, 1996.
Elliott, Brent. *Flora: An Illustrated Histoty of the Garden Flower*. Buffalo, NY: Firefly Books, 2003.
Feldmaier, Carl. *Lilies*. London: B. T. Batsford, 1970.
Fleissner, Robert. *A Rose by Any Other Name: A Survey of Literary Flora from Shakespeare to Eco*. West Cornwall, CT: Locust Hill Press, 1989.
Floy, Michael. *The Diary of Michael J. Floy*. New Haven, CT: Yale University Press, 1941.
Gibbons, Bob. *The Secret Life of Flowers: A Guide to Plant Biology*. London: Blandford, 1990.
Goody, Jack. *The Culture of Flowers*. Cambridge, England: Cambridge University Press, 1993.
Gould, Charles J. *History of the Flower Bulb Industry in Washington State*. Mount Vernon, WA: Northwest Bulb Growers Association, 1993.
Halpin, Anne. *The Naming of Flowers*. New York: Harper and Row, 1990.
Henderson, Peter. *Practical Floriculture: A Guide to the Successful Cultivation of Florists' Plants, for the Amateur and Professional Florist*. New York: Orange Judd, 1911.
Hillier, Malcolm. Flowers: *The Book of Floral Design*. New York: Dorling Kindersley, 2001.
Hirahara, Naomi. *A Scent of Flowers: The History of the Southern California Flower Market*, 1912—2004. Pasadena, CA: Midori Books, 2004.
The History of U.S. Floriculture. Willoughby, OH: Greenhouse Grower, 1999.
Hollingsworth, E. *Flower Chronicles*. Chicago: University of Chicago Press, 2004.
Jefferson-Brown, Michael. *Lilies: A Guide to Choosing and Growing Lilies*. New York: Rizzoli, 2004.
Jerardo, Alberto. *Floriculture and Nursery Crops*. Washington, DC: United States Department of Agriculture, 2005.
Kawaguchi, Gary. *Living with Flowers: The California Flower Market History*.

San Francisco: California Flower Market, 1993.

Leijenhorst, Leslie. *Hortus Bulborum: Treasury of Historical Bulbs*. Wormerveer, Netherlands: Stiching Uitgeverij Noord-Holland, 2004.

Maharaj, Niala, and Gaston Dorren. *The Game of the Rose: The Third World in the Global Flower Trade*. Utrecht, Netherlands: International Books, 1995.

Manniche, Lisa. *An Ancient Egyptian Herbal*. Austin: University of Texas Press, 1989.

McCann, Jim. *Stop and Sell the Roses: Lessons from Business and Life*. New York: Ballantine, 1998.

McRae, Edward. *Lilies: A Guide for Growers and Collectors*. Portland, OR: Timber Press, 1988.

Morris, Edwin. *Fragrance: The Story of Perfume from Cleopatra to Chanel*. New York: Charles Scribner, 1984.

Morton, A.G.*History of Botanical Science: An Account of the Development of Botany from Ancient Times to the Present Day*. London: Academic Press, 1981.

Pavord, Anna. *The Tulip: The Story of Flower That Has Made Men Mad*. New York: Bloomsbury, 1999.

Proctor, Michael. *The Natural History of Pollination*. Portland, OR: Timber Press, 1996.

Russell, Sharman Apt. *Anatomy of Rose: Exploring the Secret Life of Flowers*. Cambridge, MA: Perseus Publishing, 2001.

Schmidt, Leigh. *Consumer Rites: The Buying and Selling of American Holidays*. Princeton, NJ: Princeton University Press, 1995.

Skidelsky,S.S. *The Tales of a Traveler: Reminiscences and Reflections from Twenty-eight Years on the Road*. New York: A.T.de la Mare, 1916.

Ward, Bobby. *A Contemplation upon Flowers: Garden Plants in Myth and Literature*. Portland, OR: Timber Press, 1999.

Webber, Ronald. *Market Gardening: The History of Commercial Flower, Fruit and Vegetable Growing*. Devon, England: David&Charles Newton Abbot, 1972.

Wilder, Louise. *The Fragrant Garden: A Book about Sweet Scented Flowers and Leaves*. New York: Dover,1974.

结语

这一年来的变化确实很大。《鲜花帝国》（*Flower Confidential*）于2007年初出版，恰逢"环境年"（Year of the Environment）的开端。面对势不可挡的消费者需求和媒体压力，各行各业都争相推出绿色环保策略。提倡食用本土食物的全国性运动也蔓延到了花卉产业，让花卉进口商置身于"食物里程"（food miles）争论之中。在2005年和2006年采访零售花商时，他们还告诉我，消费者从未要求供应有机花卉。但猛然间他们却发现，自己已经开始策划绿色婚礼，并逐渐使用环保花卉和可回收的饰品。

农场工人经历的变化最大。工业农业模式已越来越难以维系，即便是非有机种植者也开始想方设法减少化学品的使用。简单、无毒的病虫害防治策略代替了昂贵的农药，降低了对昂贵安全装备的需要，工人们得以留在温室中照料玫瑰，而不是必须在熏蒸消毒后在温室外面等上几小时甚至几天。

这些农场工人不仅改变了既有的劳动方式，同时也获得了生态环保认证。我第一次写到适用于在美国销售切花的VeriFlora生态认证时，当时仅有六家农场获得此项认证。现在通过认证的农场则达到数十家，经过认证的花卉在全国各地的杂货店和花店里销售。预计VeriFlora项目将于2008年完成认证十亿枝鲜花，鉴于美国人每年约40亿枝花的购买量，这已经是相当了不起了。但是，如果美国人对经过认证的有机花卉需求不大，这些花就将被销往其他地方：认证项目覆盖了所有农产品，而鲜花可能被送往欧洲、加拿大或俄罗斯等市场。

VeriFlora并非唯一一个持续推进的认证项目。在全球有十多个环保认证项目致力于改善花卉农场环境，并鼓励消费者拿出一部分钱，支持环境和用工条件最好的农场。目前最大的挑战不是让所有农场都参与进来，而是要先制定一套统一的标准，让向世界各地供货的种植者们无需每年经历多重审核，只是为了证明他们行事合乎要求。

“购买本地货”（buy local）运动对花卉产业也有一定影响。在农贸市场做生意的小农场主开始扩大花卉种植规模。他们发现花卉是很好的轮作作物，能将传粉者吸引到花田，为整个种植季节带来稳定的收益。天然食品店也开始在花卉业务中引入本地种植的鲜花。专业切花种植者协会（Association of Specialty Cut Flower Growers）的成员们以自身的实践证明，那些种植花期较短的常见传统花卉的小型农场，依然可以在竞争激烈的全球市场中找到自己的生存空间。

花店也在想方设法抢占当地市场，以期在与超市的竞争中保持领先地位。去年，在种植者、批发商和花店之间爆发了一场论战，各方争论的焦点在于是否应对花卉贸易进行行业性收费，以资助开展一次全国范围的广告宣传活动，促使人们购买更多鲜花。这一提议并未获得太多支持。很多业内人士告诉我，他们认为更应该把钱用于解决各类行业问题上。例如，找到在农场到商店的运输过程中能更好地冷藏保存花卉的办法，让花期更持久，从而吸引顾客经常购买。一些花店自发进行区域性的广告宣传，举办各种花卉活动，强调在当地花店买花的独特优势。圣路易斯花店网络（St. Louis Florists Network）开展活动的规模最大，他们举办节日派对、赠送花束、参加当地电台节目等，为他们的会员店进行宣传促销。

荷兰最大的两个花卉拍卖场即将合并，组成一个庞大的全球花卉贸易中心。迪拜新开了一家花卉和绿植拍卖场，为中东不断扩大的奢侈花卉市场供应鲜花。中国种植者也开始涉足玫瑰贸易，只要他们有办法在易腐的花卉产品凋谢前就将其推向市场，那么全球花卉产业微妙的平衡状态将再度改变。同时，约翰·梅森对完美蓝玫瑰的追求依然矢志不渝，内瓦多公司刚刚开始销售有机玫瑰系列产品，这些玫瑰瓶插寿命长，并且具有人们梦寐以求的迷人特质：散发出传统的田园花香。接下会怎样？我只能拭目以待。这是一个充满生命力的行业，每天都有新变化。

图书在版编目(CIP)数据

鲜花帝国:鲜花育种、栽培与售卖的秘密 /(美)斯图尔特著;宋博译.—北京:商务印书馆,2014(2020.8 重印)
(自然文库)
ISBN 978-7-100-10169-1

Ⅰ.①鲜… Ⅱ.①斯…②宋… Ⅲ.①花卉—观赏园艺—普及读物 Ⅳ.①S68-49

中国版本图书馆 CIP 数据核字(2013)第 176955 号

权利保留,侵权必究。

自然文库
鲜花帝国
鲜花育种、栽培与售卖的秘密
〔美〕艾米·斯图尔特 著
宋博 译

商务印书馆出版
(北京王府井大街 36 号 邮政编码 100710)
商务印书馆发行
北京新华印刷有限公司印刷
ISBN 978-7-100-10169-1

2014 年 4 月第 1 版　　开本 787×960 1/16
2020 年 8 月北京第 5 次印刷　　印张 18
定价:52.00 元